小书本 大世界 XIAOSHUBEN DASHIJIE

动物世界

崔钟雷 主编

吉林美术出版社 | 全国百佳图书出版单位

图书在版编目（CIP）数据

动物世界 / 崔钟雷主编 . —长春：吉林美术出版社，2010. 10（2022.1 重印）
（小书本大世界）
ISBN 978 - 7 - 5386 - 4737 - 2

Ⅰ. ①动… Ⅱ. ①崔… Ⅲ. ①动物 - 青少年读物 Ⅳ. ①Q95 - 49

中国版本图书馆 CIP 数据核字（2010）第 185728 号

书　　名：动物世界

策　　划 钟　雷
主　　编 崔钟雷
副 主 编 刘志远　芦　岩　杨亚男
出 版 人 赵国强
责任编辑 栾　云
开　　本 787 × 1092 毫米　1/16
字　　数 100 千字
印　　张 11
版　　次 2010 年 10 月第 1 版
印　　次 2022 年 1 月第 4 次印刷

出　　版 吉林出版集团
吉林美术出版社
发　　行 吉林美术出版社图书经理部
地　　址 长春市人民大街 4646 号
邮编：130021
电　　话 图书经理部：0431 - 86037896
网　　址 www. jlmspress. com
印　　刷 北京一鑫印务有限责任公司

ISBN 978 - 7 - 5386 - 4737 - 2　　定价：35. 80 元

前言 QIAN YAN

广阔的宇宙如此浩瀚，有太多的谜团吸引我们好奇的心；纷繁的世界如此丰富，有太多的精彩诱惑我们明亮的眼睛。

在快节奏的现代生活里前行，我们有时需要静下心来翻开一本书，让疲惫的精神在知识的家园里徜徉。“小书本大世界”这套丛书，便可以满足我们的需要。

本系列丛书编入了人们最感兴趣的话题，并且图文并茂，图说新颖。未解之谜包含了自然、社会、历史众多的悬疑奇案，《动物世界》展现了各种动物的千姿百态，《十万个为什么》解答了大千世界的种种疑问，《88 位中外名人故事》演绎了各位名人成才的艰辛历程，《地球之最》涵盖了人类家园的最新知识。

小小的书本里面蕴藏着一个大大的世界，在小书本里面，可以汲取无尽的知识，可以开阔狭窄的视野，还可以带来心灵上的轻松和愉悦。那么，让我们快速打开这套书，享受其中的乐趣吧。

编　者

目录 MU LU

有趣的昆虫

勤劳的蜜蜂 …… 8
力大无穷的甲虫 …… 10
萤火虫发光的秘密 …… 12
蜘蛛是如何结网的 …… 15
建筑工程师——白蚁 …… 17
蝎子的独特育子方式 …… 19
“品性高洁”的蝉 …… 21

千姿百态的鱼类

凶猛的鱼类——鲨鱼 …… 24
能发电的“电鱼” …… 27
耐高温的鱼 …… 29
有毒的鱼 …… 31
奇形怪状的鱼 …… 33
珍稀热带观赏鱼 …… 35
水中之“蛇”——鳗鱼 …… 37
具有高超飞行技能的飞鱼 …… 38
神射手——射水鱼 …… 40
抗冻的鳕鱼 …… 42
“永不分离”的琵琶鱼 …… 44

神秘的海洋动物

温文尔雅的“使者”——海豹 …… 47
外形古怪的中国鲎 …… 49
会打捞物品的章鱼 …… 51
横行海洋的螯钳将军——蟹 …… 53
随波逐流的“长袖美人”——水母 …… 54
海底武士——虾 …… 56
海洋霸主——鲸 …… 58
海洋勇士——海豚 …… 60
深海中的“美丽杀手”——海胆 …… 62

鸟类王国

形形色色的鸟 …… 65
“缝纫”技巧高超的缝叶莺 …… 71
“恩将仇报”的杜鹃鸟 …… 73
候鸟迁飞之谜 …… 75
“逃避现实”的鸵鸟 …… 77
“森林医生”啄木鸟 …… 79
泰卡鸡 …… 81
朱鹮 …… 83
担任空中警卫的游隼 …… 85
鸳鸯果真“忠贞不渝”吗 …… 86
让人惊奇的几维鸟 …… 88
鸭子为什么不怕冷 …… 90

两栖动物

两栖动物的典型代表——蛙和蟾蜍 …… 93
青蛙的奥秘 …… 95
神奇的有尾两栖动物 …… 96

爬行动物

"为爱而战"的象龟 …… 99
爬行动物中的"杀手"——鳄鱼 …… 102
分布最广的爬行动物——蜥蜴 …… 105
无脚的爬行动物——蟒蛇、毒蛇 …… 107
爬行动物中的寿星——龟类 …… 109
变色龙为何会变色 …… 111

哺乳动物

"沙漠之舟"的生存奥秘 …… 114
足智多谋的穿山甲 …… 118
"虎毒不食子"是真的吗 …… 121
有情有意的大象 …… 124
人类的好帮手——狒狒 …… 127
可爱的树袋熊 …… 130
奥卡狓 …… 133
雌雄难辨的鬣狗 …… 135
麋鹿 …… 139
"讲究卫生"的浣熊 …… 141
最古老的哺乳动物——鸭嘴兽 …… 143

有趣的昆虫

昆虫是动物世界中最兴旺的大家族，它们徜徉在自然的王国里，自由自在地穿梭于绿草森林中，让大千世界更增无穷魅力。

勤劳的蜜蜂

勤劳的蜜蜂种类很多，已知全世界拥有多达1.5万种。其种群的分布取决于蜜源植物的分布，热带、亚热带地区分布较多。蜜蜂的家族构成很有规律，一个普通大小的蜂群约有蜜蜂6万只，其中有一只蜂后，有100只左右雄蜂，其余的全是工蜂。

对于蜜蜂，人们并不陌生，并且常用“勤劳”这个词来形容它们。其实蜜蜂不仅勤劳，还具有很强的社会性。

在蜜蜂的种群中，绝大多数是工蜂，它们是没有生育能力的雌蜂，是蜂群中的劳动者，几乎承担了所有的劳动。工蜂的一生大概有三个时期：第一时期，主要活动均在巢内，只从事简单的清扫工作，继而喂养幼虫，提炼蜂王浆，学习飞行；第二时期，开始承担筑巢、酿蜜的工作，有些会成为卫兵，保护家园或杀死不必要的雄蜂；第三时期，这是工蜂最辛苦、最危险的阶段，它们要早出晚归地采蜜，一刻也不能偷懒。

蜂后在一个蜂群中是绝对的王者。虽然蜂后既不会酿蜜、筑巢，也

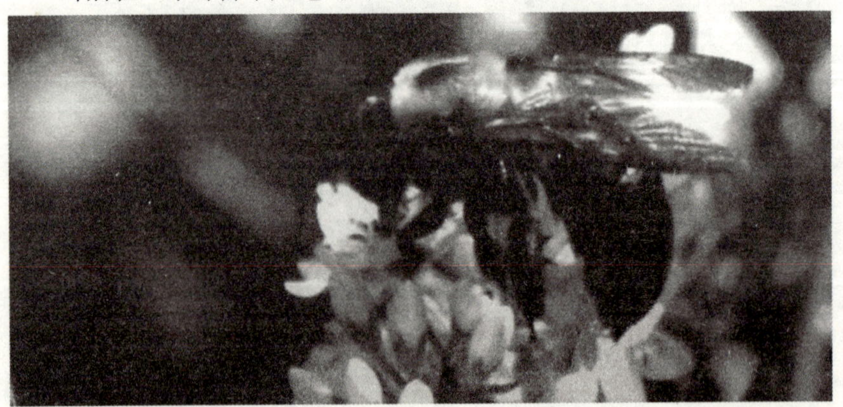

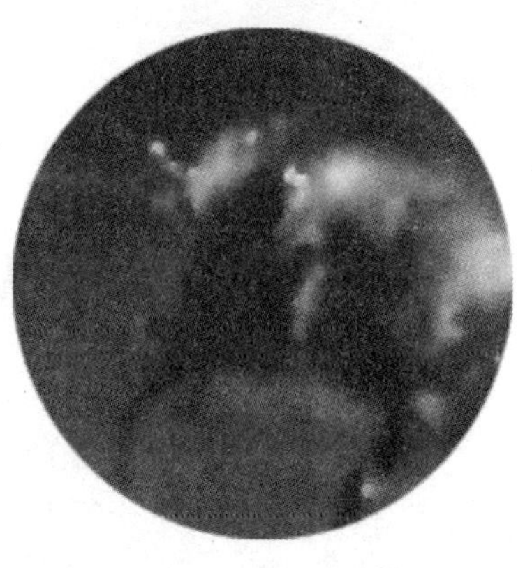

不能生活自理（需工蜂呵护），但它还是至高无上的。蜂后唯一的本领就是能够生育，这也是它能够登上王座的“看家法宝”。蜂后释放的激素既是性信息素，也是聚集信息素，这种激素的作用非同小可：它一方面能吸引雄蜂；一方面也能使工蜂团结在这个集体里。蜂后虽然地位尊贵，但它一生中95%的生命期都是在巢中产卵。它一生最快乐的时光，莫过于其“婚飞大典”了。

“婚飞大典”的场面可谓十分壮观。年轻的蜂后会在空中释放求爱的信号（激素），这时周围的单身雄蜂就会被吸引过来，追逐着蜂后飞行，而且这支“迎亲”的队伍还会继续扩大，但最后还是只有很少的强壮的雄蜂才有机会与蜂后“成亲”。

婚飞1天~3天后，蜂后回到巢中开始履行产卵、维护蜂群稳定的职责。

蜂后新产下的卵两天后即可孵化为幼虫，并由工蜂喂养。幼虫一周后化蛹；并于12天后成为成虫，而蜂后的成长期要短于这个时间。

随着新的蜂后逐渐长大，老蜂后就会让出位置，带领一半“随从”离开蜂巢，寻找新居。

蜂群中的蜂后、雄蜂和工蜂分工明确，井然有序，令人叹服。可是，蜜蜂之间是怎样交流与传达信息的呢？那就要靠它们的“翩翩舞姿”来发挥重要作用了。

千百年来，人们一直想弄明白蜜蜂究竟是如何传达信息的。后来，奥地利科学家弗里茨经过艰苦的长期观测终于发现了这其中的奥秘。实际上，蜜蜂用不同的跳舞姿势或舞蹈次数来传达蜜源地点及好坏等信息，从而引领蜂群去采蜜。

蜜蜂是一种极具智慧的动物，经研究发现，这种“智慧”是蜜蜂与生俱来的一种本能。但科学家无法确定这种“智慧”的来源是什么，产生的过程也同样不得而知。

力大无穷的甲虫

如果有人问：地球上哪一种动物的力气最大？恐怕人们一定会对这个问题争论不休。有人会认为是大象，也有人会认为是鲸……的确，大多数人都认为是体形庞大的动物力气才会大，却很少有人会想到小小的昆虫力大无穷。其实，甲虫才是名副其实的“大力士”。

如果我们从动物自身重量与其负重能力来比较，力量最大的动物一定是昆虫。大象虽然力大无穷，可以用鼻子卷起大树，但树的重量不过是大象的数倍；黄牛在平地上可以拉动四吨左右的货物，但货物的重量也不过是牛的五倍左右。与此形成鲜明对比的是，一只体重仅 6 克的甲虫却能拖动重达 1 千克以上的货物，负重比高达 180 倍。有一种甲虫又叫“独角仙”，是昆虫中负重比最大的一种甲虫。金龟甲虫的食物来源主要在土壤中，它有时在一些坚硬的土壤中挖掘以寻找食物，这个过程对人类来说也不是十分容易办到的，必须借助农具才有可能，而金龟甲虫却轻松自如。

科学家为了测量出金龟甲虫的力量究竟有多大，便拿它做了个有趣的小实验。人们将一个重量超过这种甲虫 10 倍的物体压在它身上，它依然行走自如；重量不断往上加，金龟甲虫仍然昂首阔步，在负重高达其体重 100 倍时，金龟甲虫还是浑然不觉……在科学家们瞪圆了双眼的目光中，金龟甲虫最终以负重比 349 倍的成绩荣登测试的榜首。

这些实验也只是检测了昆虫的全身力量，科学家也检测了昆虫的肢体力

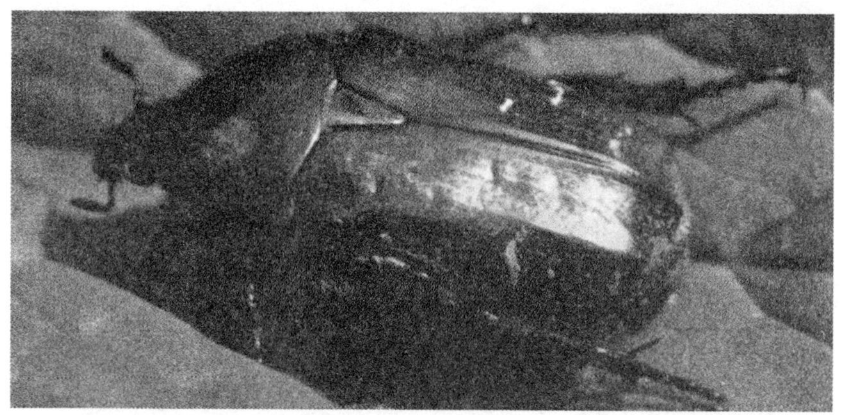

量，科学家首先选择了蜻蜓作为测试的对象。人们将蜻蜓用线缚住，悬挂在空中，然后使蜻蜓的脚爪紧抓住一个物体。科学家们顺次使用逐渐加大物体重量的办法，实验证明蜻蜓那看起来纤细脆弱的长腿居然可以抓起相当于自己体重20倍的重物。

从这一系列的实验结果中不难看出，身体微小的甲虫才是真正的“大力士”。有一种叫贝雅尔果虫的甲虫，它的负重比高达900倍。900倍！这对小小的甲虫来说真可以说是一个天文数字，如果黄牛可以驮起重于自身900倍的物体，那机械的发明就失去意义了。若真能如此，人们也就无须使用起重机等机械装备了，想要移动什么重物时，找来一个大动物即可。很显然，这只能是一种异想天开的想法。更不可思议的是，甲虫在进行自身运动时所消耗的力气，要比负重时消耗的多，这听起来完全是一个不合科学逻辑的悖论。毕竟甲虫自身的重量要比所负重物的重量小得多，为什么拖动一个如此重的东西所消耗的力气反而比自身运动时消耗的力气少呢？科学家最终在头顶重物行走的妇女身上找到了答案。世界上很多地区的人都用肩或背来背负重物，而非洲、印度等少数地区的妇女却习惯用头顶来负重，她们用头顶着很重的东西，依然能健步如飞，似乎不耗费什么力气。调查发现她们在走路时把身体的重心保持在恒定的高度，这样一来，就不必花费多少力气来维持自己身体的重心。而一个人在运动时，为了始终保持身体重心的平衡，就自然而然消耗了很多力气，甲虫便是如此。

萤火虫发光的秘密

萤火虫种类繁多，在世界各地都可以见到它们的“身影”。萤火虫的身体扁平细长，雄虫长有翅膀，而雌虫则没有。萤火虫最大的特点就是它们会发光，而且不光是成虫，它的卵、幼虫，还有蛹都会发光。

夏天的夜晚，人们漫步于街头，总是能看到一闪一闪的东西飞来飞去，那就是萤火虫。萤火虫是怎样发光的呢？

科学家们研究发现：萤火虫的腹部长有一个发光器，发光器上有表皮为小窗孔状的发光层。在发光层的下面是一个反光层。这些发光层上包含有几千个发光细胞，每个发光细胞都是由荧光素和荧光酶构成的。荧光素在荧光酶的作用下，可以和发光器周围的气管所供应的氧化合发出荧光。

爱观察的人会发现，萤火虫发出的光忽明忽暗，闪烁不定，这又是什么原因造成的呢？这主要和气管输送的氧气有关系。当氧气充足时，光亮就强；氧气不充足时，光亮就会变弱，甚至黯淡无光。而且，在萤火虫体内有一种叫作三磷酸腺苷的高能化合物，每当荧光变弱时，荧光素与腺苷磷酸相互作用后，萤火虫就会重新发光。

萤火虫美丽的荧光五颜六色，有淡绿色、淡黄色，也有橘红色和淡蓝色，给人们带来无尽的遐想。科学家们根据萤火虫的内在发光机理，研究出一种人工合成的冷光，主要用于含有易爆瓦斯的矿井和弹药库中，并且也用于水下作业。

一只萤火虫发出的光虽然微弱，但若把多只萤火虫放在一起，它发出的光就可以抵得上一个灯泡发出的光亮。晋朝时的车胤自幼喜欢读书，白天看不完，晚上还想接着读，但他家境贫穷，点不起油灯。后来他想到了一个绝妙的办法，他用很薄的纱布做了个小口袋，然后把很多只萤火虫装到里面。到了晚上萤火虫开始发光，亮光就如同点燃的蜡烛发出的光，于是这袋萤火虫成了他学习的必备品。

1898 年，在美军与古巴军队的战场上，哥加斯医生正在为伤兵做手术，在其关键时刻灯突然灭了。这时他急中生智，用一个空瓶子装满了萤火虫，并借助萤火虫发出的光亮，成功地完成了手术。后来有人计

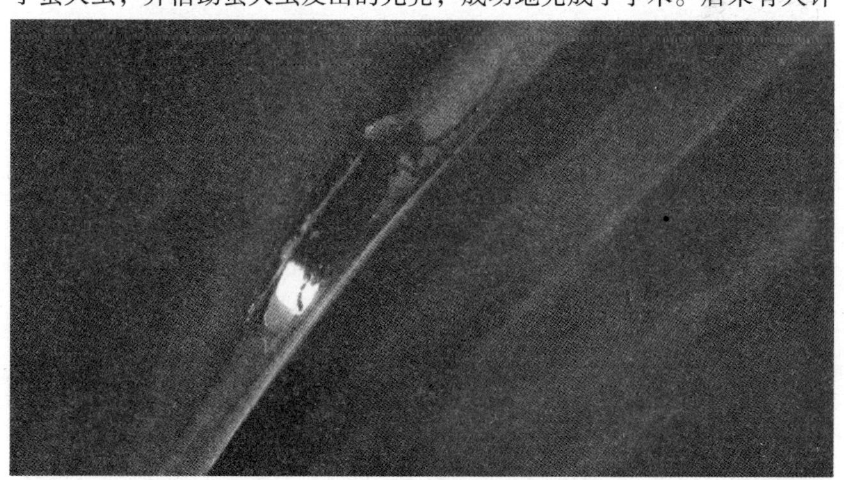

算，37 只 ~38 只扁甲萤火虫集在一起，发出的亮光相当于一支蜡烛燃烧的光亮。

蛍火虫发光的特性带给科学家们很大的启发。近些年，科学家们先后从萤火虫的发光器中成功地提取了纯荧光素和荧光酶。没过多久，科学家们又用化学方法人工合成了荧光素，也有人称之为冷光源。荧光素属可再生资源，用它发光不用担心环境污染问题。冷光源光色柔和，不会对人的眼睛造成刺激和伤害。冷光源还可以将大部分的化学能转化成光能，能量转化率特别高，这大大地提高了资源的利用率。

蜘蛛是如何结网的

蜘蛛属节肢动物，种类繁多，在全世界有四万多种。它们胸部长有8条腿，腹部长着3对构造复杂的丝管和丝囊。它们吐出的丝能够呈现出不同的颜色。同时，它们能织出各式各样的网，有网巢、陷阱，甚至还能织出线路图来，特别神奇。

夏天，在墙角或是某个角落里，人们总是能看到蜘蛛结的网，它们形状各异，这些蜘蛛网究竟是怎样形成的呢？它在蜘蛛捕食过程中又起到怎样的作用呢？

蜘蛛的繁殖方式很奇特。雄蜘蛛成熟较早，在向雌蜘蛛求爱时显得很主动。而雌蜘蛛不但不愿意接受，反而还会攻击雄蜘蛛，有时甚至会吞掉雄蜘蛛。雄蜘蛛非常体贴雌蜘蛛，为哄雌蜘蛛开心，雄蜘蛛总是很小心地爱抚雌蜘蛛。雄蜘蛛为达到繁育后代的目的则千方百计向雌蜘蛛的孕囊里射精，然后仓皇而逃。蟹蛛的求爱方式更加霸道。它们通常是利用强劲的丝把对方捆起来，然后强行求爱。

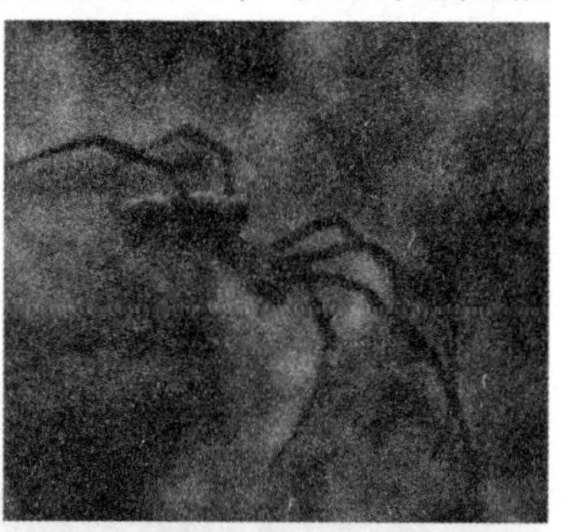

受精后的雌蜘蛛就开始夜以继日地编织卵袋，这大概是它日常生活中最重要的工作。雌蜘蛛织出的卵袋非常复杂，大概有鸡蛋般大小，而且十分精致。卵袋的编织方法很简单，它们先用长丝在树枝上搭好架子，然后织出一个1厘米左右的口袋，这样，卵袋就制成了。然后，它们会在袋口织一个盖，盖子盖上后，可以起到保护那些已经盛放在袋子里的卵的作用。紧接着，蜘蛛又开始织丝绒，为卵创造一个温

暖的环境。它吐出棕色的丝团包住卵袋，然后把丝团拍打成疏松的绒胎，接下来，蜘蛛在外面包上一层厚厚的“衣服”。最后，再织一条美丽的深褐色的带子，围在卵袋的最外面。所有的工作完成后，蜘蛛也该离去了。

蜘蛛的生命特别短暂，它们成活于每年的初春时节，而到了深秋，它们的生命也就走到了尽头，大概只能活 8 个 ~9 个月。可是，那些住在卵袋里的小家伙却温暖而安全地度过了寒冷的冬天。春天来了，在阳光的照射下，小蜘蛛孵化出来。这时，卵袋就会自动打开，一只只幼小的蜘蛛慢慢地从里面爬出来。它们刚一出来，就会在树枝上拉出丝来，风一吹，它们就会随风飘散。

蜘蛛结网如同人们盖房子一样，必须先打地基。它们在结网前，一般都事先架一条“天索”。据科学家观察，蜘蛛架天索一般有两种办法。第一种方法是：蜘蛛先找一个固定点，然后将丝与其连接上，并拉到地面，然后爬到对面的高处。蜘蛛在爬的过程中，不断地放丝，到达终点时，用脚把丝收到适中的长度，再找一个新的固定点把丝固定下来，这样，天索就架成了。

第二种方法是：蜘蛛从自己所站的高处，拉出许多根丝，蛛丝的长度足以到达对面。这些丝随风飘荡，蜘蛛不时地去触碰蛛丝，直到其中一根丝再也拉不动了，天索也就架成了。

建筑工程师——白蚁

一提到白蚁，人们似乎总是能联想到蚂蚁，因为这二者的样子和习性很接近，但事实并非如此。白蚁是从约 2.5 亿年前的一种类似蟑螂的生物进化而来的，而蚂蚁则由蜜蜂和黄蜂等距现在较近的生物进化而来。白蚁是一种破坏性很强的昆虫。

同蜜蜂一样，白蚁也是一种群居、社会性的昆虫。白蚁王国同样有身份等级、贵贱尊卑之分。蚁后是白蚁王国中体积最大者与地位最尊贵者。蚁后担负着延续后代的任务，一生可产卵 100 万枚。蚁王是白蚁王国中的二号统治者，地位与个头仅次于蚁后。兵蚁是白蚁中的“宪兵”，它们的责任是保护蚁穴。兵蚁长有锋利的刀形颚，也有喷壶似的吻，可喷射黏液，捕捉敌人。工蚁负责维护蚁巢和觅食，数量也是白蚁中最多的。白蚁社会除了有正选的蚁王、蚁后外，还有备选的蚁王和蚁后。它们会在蚁王、蚁后衰老或死亡时，继承“王位”。

对于白蚁来说，木头就是“糕点”，白蚁的主要食物是富含纤维素的各类木材。选择这种食物对一般动物来说简直是天方夜谭，然而对白蚁来说，咀嚼那些味同嚼蜡的木头却是正常的生活习性。白蚁之所以喜食木头，是因为在白蚁的肠道里共生着一种寄生虫——超鞭毛虫。它们分泌的酶可以将木材分解成各种糖类，为白蚁提供能量。但是，这种超鞭毛虫只能寄生在工蚁和兵蚁的肠道中，蚁

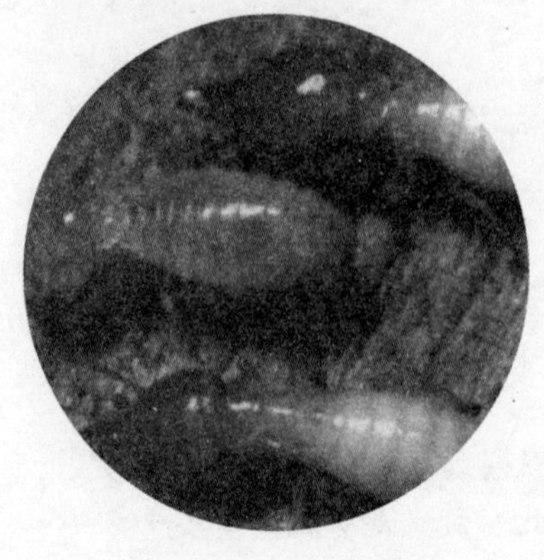

王、蚁后和幼蚁的肠道中却没有这种寄生虫，因此它们只能依靠工蚁用自己肠内的一部分半消化的食物来喂养。

对人类来说，最值得我们赞赏的是白蚁的建筑本领。它们的建筑“理念”已经被人类用于建造摩天大楼上。

白蚁的巢穴通风效果非常好，温度控制有序，许多工程师正是从白蚁身上获得了灵感，建造了很多不用人工调节而使用天然风调节室内温度的摩天大楼。

白蚁巢穴通常由两部分构成，即生活区和奇特的泥塔两部分。泥塔的横截面呈楔形，并且尖头总是朝向北方。塔高三米左右，泥塔的侧壁面积很大，保证了其表面能够在早晨和傍晚太阳光斜射的时候，最大程度地吸收太阳的热量。尖锥形的塔顶会减少正午太阳的热量。泥塔中布满空气通道，通道的温度会随着太阳光的照射而升高，从而引起空气体积膨胀，并通过通道把空气抽到塔顶，于是新鲜空气便能流通进地下。白蚁中的一些工蚁更富有创造力，它们能够根据巢穴各处温度的不同，要么扩大通道，要么减小甚至堵断通道，从而达到调节气流，调节巢穴内温度的目的。通过这些措施，尽管巢穴外面的温度有高有低，但是无论春夏秋冬，还是黑夜白天，白蚁巢穴中的温度都始终保持不变。

蝎子的独特育子方式

通常情况下，蝎子出没于森林、草原、沙漠等地区。现在的蝎子体形已较古代小了很多，蝎子的祖先巨水蝎体长可达两米以上，而现在的蝎子体长一般都在十厘米左右。人们想到蝎子便自然会想到剧毒蝎子，而它正是过去所说的“五毒”之一。

提到蝎子，最令人恐惧的还是它的螯针和剧毒。蝎子的躯干由很多环节组成，其螯针位于身体最后一节的末尾，螯针有一条毒腺内含毒汁。如果螯针刺入动物身体时，毒腺里的毒液就会马上注入动物体内使动物神经麻痹而死亡。蝎子的螯针不仅能放毒，还能“侦察敌情”。螯针的末梢神经特别灵敏，即使地面有轻微振动，也会被其感知到。蝎子就是通过螯针的这一特征，来探知周边情况，判断敌情。

蝎子的双钳也发挥着重要的作用。蝎子双钳上的触须能够探知身边细微的空气变化，这一点对蝎子成功猎杀小型的空中飞行物有莫大的帮助。不仅如此，蝎子双钳上还拥有一种能分辨猎物气味的化学物质。有了这件利器，蝎子的捕猎就如虎添翼了。

正是通过螯针和双钳，蝎子能够在十几厘米之外无须借助视觉就能感觉到猎物的存在，无论猎物是在空中，还是在地面上。

蝎子的繁殖也有其自身的特点。观测结果证明，39% 的雌蝎会在交配之后将其雄性伴侣当场吞食。但这种吞食情郎的行为并没有影响雌蝎的“母性”，相反，雌蝎在产下幼蝎后会变得异常温柔。

雌蝎的孕育期较长，它们在交尾后短则 1 ~5 个月，长则 15 ~18 个月才会产卵。或许正是由于蝎卵来之不易的原因吧，雌蝎对小宝宝呵护备至。在即将产卵的时候，雌蝎一定会格外小心地寻找到一个隐蔽的住所，将产下来的卵放到前螯足围成的“摇篮”中进行孵育。当然，也有大约三分之一的蝎子并非卵生，而是从母体中直接生出来。

幼蝎一旦出生后，便会被母蝎细心地放到背上小心养育。此时的幼蝎没有生存的本领，它们只能用吸盘与母体相连，从母亲身上获得营养。

雌蝎每次可产下 20 只 ~40 只幼蝎，所有的幼蝎在刚出生的一段时期只能伏在母亲背上，由母亲带着行走，这真是一种壮观的景象。幼蝎在母亲的背上会待 3 天 ~14 天，直到第一次蜕皮过后。这时候螯肢开始长出钳来，螯针也具有了一定的威力，表明它们基本上可以独立谋生了。雌蝎便将孩子们一个个地“请”下背来，宣布它们的童年期已经结束，应该出去闯天下。幼蝎告别了母亲的脊背，开始过上独立的生活。

“品性高洁”的蝉

每年的盛夏时分，人们总会听到蝉发出的“知了，知了”的叫声，这叫声在天热时会越来越大，时间也非常长，常常吵得人们心烦意乱。其实，蝉的叫声并不是在“引吭高歌”，而是在“谈情说爱”。成年雌蝉不会出声，成年雄蝉才是歌唱高手。

古人对蝉的认识存在片面性。古人认为蝉只吃树上的露水，品性高洁，故也常用蝉来比喻道德高尚的人。

虽然如此，人们对蝉的认识还应该说是从它的声音开始的。在动物世界中，蝉算得上是一个优秀的“鼓手”。在它的腹部两侧均长有一片薄膜，叫作声鼓，一块盖片覆在其外。蝉在高歌时，并不是在用锤敲鼓，相反它是使肌肉徐徐颤动，拉动鼓膜，振动空气，又在褶膜里使发出的颤音扩大，然后从音响板上将颤音反弹回来，音量就再次被放大了。接着，只要打开盖片，声音就飘出来了。

蝉可算得上是世界上最长寿的一种昆虫，然而它却要在地下度过大半生。蝉的幼虫要在地下“冬眠”长达2年~6年。目前，在科学界已知的寿命最长的蝉是生活于美洲的17年蝉。

当蝉的幼虫从地下破土而出时，地面上会布满小圆洞，犹如蜂巢一样。这时的蝉还没长出翅膀，它最为强健有力的是前腿。它在树梢或草丛里经过第一次蜕皮后，就变成了有翅膀的蝉。

经过数年的冬眠，雄蝉会在夏日里展开爱情攻势，纷纷向雌蝉献歌，雌蝉对这种“情歌”也没有抵抗力，二者很快就会步入婚姻殿堂。婚礼结束后，雌蝉会将卵产在嫩枝里。几星期后，雄蝉和雌蝉就会死去。

长期以来困惑科学家的问题就是蝉为什么要在地下冬眠大半生。有人认为蝉在地下是为了度过漫长的幼虫时期，通过植物的须根它可以获得水分和营养，这样就可以几度寒暑。生物学家认为：蝉的这种繁殖方式体现了它具有很强的保护意识。因为这样可以减少蝉受鸟类等捕食动物的攻击，从而保存了有生力量。

千姿百态的鱼类

鱼类是最古老的脊椎动物。它们几乎栖居于地球上所有的水生环境——从淡水的湖泊、河流到咸水的大海、大洋。正是由于有了鱼类，地球上的水生环境才显得更多姿多彩。

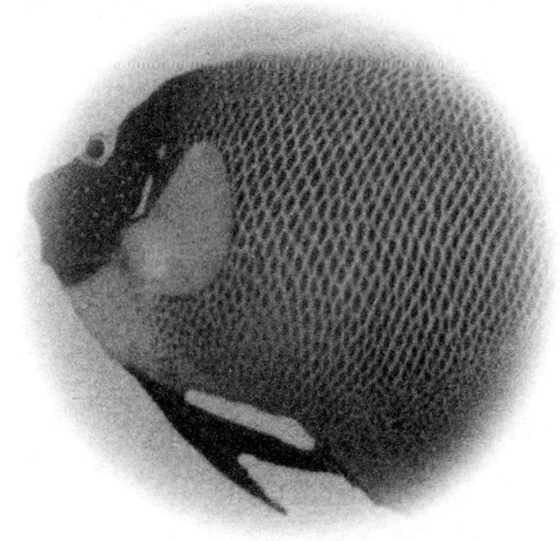

凶猛的鱼类——鲨鱼

海洋世界中有名的“杀手”——鲨鱼，它的游泳速度很快，捕获猎物时又准又狠，其他许多海洋动物难以望其项背。鲨鱼最厉害的武器就是它那一排排白森森的锋利牙齿，鲨鱼就是用它来进行捕食的。鲨鱼的确是海洋生态系统中的强者……

无论是热带、亚热带海洋，还是温带和寒带水域都有鲨鱼的踪迹。鲨鱼属于软骨鱼类，全世界大约有八百多种。生活在我国海域里的鲨鱼有一百九十多种。

鲸鲨的体重可达 80 吨，体长可达 25 米。其实鲨鱼并不都是那么大，有一种名为橙黄鲨的鲨鱼，只有 35 厘米长。比起鲸鲨来，它真是微忽其微的“小个子”兄弟了。

外形古怪的锯鲨的捕食方法十分奇特。它有一把由上颚演变而来的“长锯”，这是一把锋利无比的骨板“锯”，锯鲨只要拿着“锯”在海中左右挥动，许多鱼就会在顷刻间丧命。

猫鲨居然可以捕捉到在天空中飞翔的鸟类，它有什么奇特的捕食绝招呢？原来猫鲨在“想”吃鸟类的时候会半浮于海面上一动不动，犹如海中礁石。鸟儿飞累了，正想找个地方歇息，于是就落在猫鲨身上。此时猫鲨慢慢将后半身下沉，飞鸟便缓缓地向前移动，刚刚移到猫鲨头部，猫鲨便一口将其吞下。

你知道鲨鱼拥有电子器官吗？在鲨鱼的鼻腔中有一个形状似皮管子的器官，这个器官叫作“罗仑氏夹”，它能在鲨鱼的鼻子周围形成微弱电场，并像雷达天线一样辐射电磁波。鲨鱼正是通过接收“回声”来发现视力所不及的物体。所以一些隐藏在软泥或沙子里的小鱼也难逃劫数。鲨鱼主要是以微小的浮游生物为食，其次它还喜欢吃小鱼、海龟、海鸟和小型海洋类哺乳动物。鲨鱼贪食成性，什么都要品尝一下，它可以吞下尼龙大衣、笔记本、碎布片、皮靴、舰艇号码牌、羊腿、猪头、钢盔等杂物，令人惊叹不已。鲨鱼是杂食性鱼类。至于说它吃人，那只是少数几种鲨鱼的行为，如大青鲨、双髻鲨、锥齿鲨和噬人鲨等。

鲨鱼还能成为破案的证人和助手，这你相信吗？1935 年秋天，在大洋洲悉尼附近的渔民活捉了一条大虎鲨，并把它卖给了当地一家水族馆，供游人观赏。展出的第八天，鲨鱼突然从嘴里吐出一只完整的人的胳膊，把正在观赏的游人吓得目瞪口呆。经法医鉴定，胳膊是被刀砍下来的，并不是被鲨鱼咬断的。警方以这条断的胳膊为线索，侦破了一个欲炸毁游艇、索取巨额保险金的阴谋集团。

鲨鱼体内存在某种抗癌物质。在 25 000 条鲨鱼中，只有 5 条体内长有轻微肿瘤，其中仅有 1 条被怀疑为恶性肿瘤。美国迈阿密大学的科学家发现，鲨鱼的血清能杀死细菌和病毒，还能杀死体外培养的人体癌细胞。科学家们预料，在不久的将来，鲨鱼会帮助人类战胜癌症。

能发电的“电鱼”

你听说过电鱼这种动物吗？人们知道发电机发电、风力发电、水力发电，甚至是潮汐能发电，却可能不知道自然界中还有一些生物也能发电。据统计，全世界有五百多种鱼都会发电，人们把能产生电的鱼统称为“电鱼”。

长期以来，人们一直认为“发电”是人类智慧的结晶，这是人类的一项伟大发明，可是自然界中有一些鱼也能够“发电”。其中，电鲶、电鳐和电鳗的“发电”能力最强。据科学家测试，一条中等大小的电鳐每秒能放电150次，能产生70伏~220伏的电压。一条非洲的电鲶所产生的电压可高达350伏。南美洲的放电冠军——电鳗能产生高达880伏的电压。这样强大的电压甚至能将马那样大的动物击倒。

电鱼这么强大的放电能力是从何而来的呢？经过科学家们对电鱼的解剖发现：电鱼的身体内长有一种奇特的发电器官，这是其他鱼类所不具备的。这种器官是由大量的半透明的盘形细胞组成的电板和电盘构成的，是电鱼进行自卫和捕食的重要工具。电鳐的体内有一堆呈六角形的肌肉，这种肌肉的两面具有不同的组织结构，肌肉的一面比较光滑，通过神经连接起来；另一面则凹凸不平，没有神经。电鳐在发电前，由神经传达信号，肌肉光滑面便产生了电位，而另一面由于不受神经控制，所以仍旧保持原来的静态，这两种状态结合便使肌肉的两侧产生了电位差，电流也就由此而形成了。电鱼种类不同，其发电器官的形状、位置和电板数量都不相同。同样是能发电的鱼，电鳗、电鲶和电鳐的发电器官位置都不同。电鳗的发电器官生长在尾部脊椎两侧的肌肉中，呈长棱形；电鲶的发电器官则位于

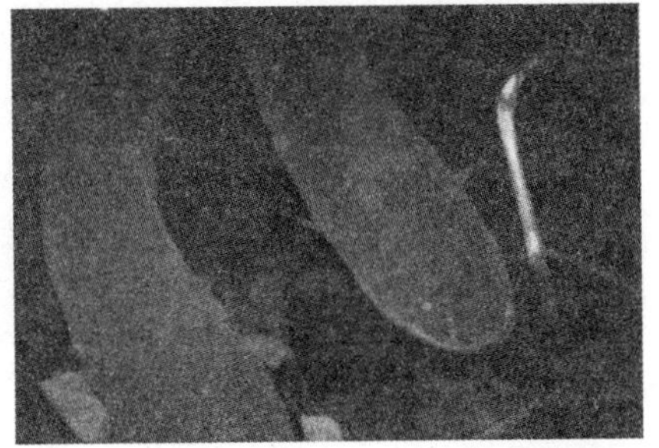

皮肤与肌肉之间，共长有500万块电板；电鳐的发电器官则类似扁平状的肾脏，这种器官在其体内中线两侧，共有电板200万块。

研究清楚电鱼为何能发电的秘密后，科学家们又产生了新的疑问，电鱼能产生这样强大的电压，为什么自己不会被电到呢？科学家又对电鳐进行了仔细的研究。研究发现，电鳐的肌肉有大量紧密排列在一起的细胞，电压就来源于这样的细胞。当许多小细胞产生的这些微小的电压串联在一起之后，便会形成很高的电压。所以这些电鱼既能产生强大的电压，又不会被强大的电压所电到。

聪明的人类总能从一些神奇的自然现象中获得启示，进而利用它。电鱼就是很好的例子，当科学家们发现电鱼能放电这一现象后，便利用电鱼的发电原理研制出了世界上最早的伏打电池。科学家们还试图模仿电鱼的发电器官以及其发电原理，制造出解决船舶、潜艇能源问题的强有力的发电装置。

耐高温的鱼

你听说过鱼能在70℃的水中存活吗？有一种鱼生活在火山口附近的湖泊里。这里的湖水临近火山，因此火山活动会使湖水变热。而这些生活在热水中的鱼却可以自由自在地生活，一旦离开这样的环境，它们就会被冻得昏死过去。

20世纪30年代的一个春天，一位航海家雷普乘船到北太平洋航行。途经千岛群岛的伊都鲁普岛，当时他刚经历过一场大风暴，又累又饿。他发现岛上的小河里有大量死鱼漂浮在水面上。极度饥饿的雷普捞起了几条死鱼，放在大锅里架火煮了起来。还没开锅，他就迫不及待地揭开盖子，眼前的情景把他吓到了：锅里的鱼竟然“起死回生”了，正在锅里自由自在地游来游去！雷普赶忙用手试了一下锅中的水温，足有50℃以上。这些鱼为什么煮不死呢？

在科学家们的研究记载中，一些鱼类在73℃～75℃的水中能够自在地生活；水温升至93℃时，就会影响鱼的呼吸；升至99℃时，鱼体平衡就会受到影响；当水温升至106℃：时，鱼就会昏迷；当水温升至113℃时，鱼的生命才会终结。由此可见，鱼的适应能力是逐渐形成的。它们习惯于某种温度的水温，一旦这种环境突然发生改变，它们就很难适应，进而死亡。

有毒的鱼

从浩瀚的大洋到涓涓溪流，只要有水的地方就可能有鱼的存在。经过千万年的进化演变，目前已知鱼类达两千多种，它们有的色彩斑斓，有的相貌丑陋，而更有一些鱼含有巨毒。这些有毒的鱼，它们身上的毒腺就是攻击和防卫的武器。

世界各地有毒的鱼在50种以上。它们的背鳍硬刺基部有毒腺，人或其他动物被刺伤后轻者异常疼痛，重者会引起疾病，甚至死亡。每年都有许多人因接触赤蓑和石头鱼等有毒鱼类而产生不同的中毒症状。毒素是有毒的鱼自卫的武器，能帮助它们抵御大鱼的入侵。

灯笼鱼又叫蓑鲉。这种色彩鲜艳的鱼是毒性最强的鱼类之一，在漂亮的鳍里面藏着它们制造毒液的腺体。灯笼鱼的毒液不但可以使敌人丧失知觉，严重者会导致其死亡。

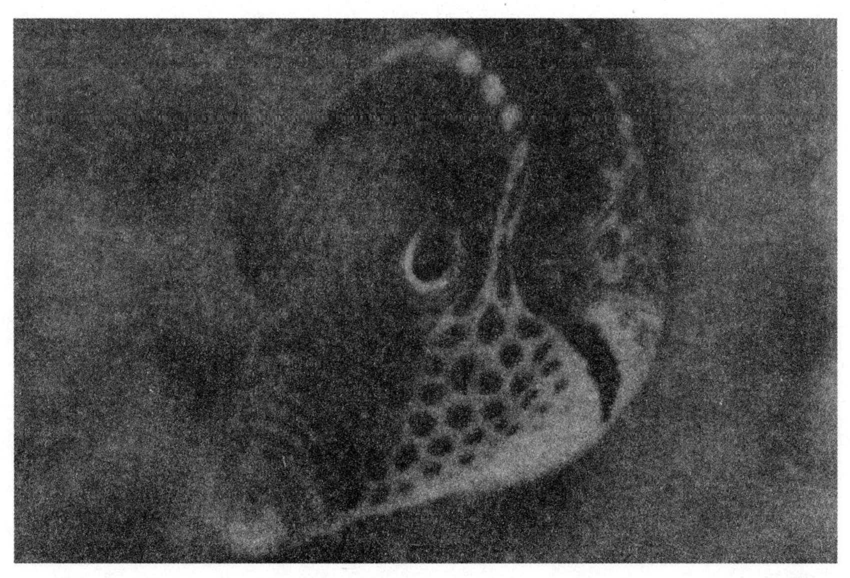

石头鱼的外表灰暗斑驳，长满了大大小小的肉瘤，有时身上还会长满厚厚的海藻，形成了绝妙的伪装。它们背上那些锐利无比的毒刺足以置人于死地。石头鱼是世界上毒性最大的鱼。

河豚鱼的毒素则集中在内脏和血液中，鱼肉本身没有毒，而且其味道鲜美，所以有许多人因食用加工不规范的河豚肉而不幸中毒死亡。

奇形怪状的鱼

辽阔的海洋是鱼儿们生活的天堂，千姿百态的鱼儿们在其中游荡着、嬉戏着……这些可爱的精灵们在这座资源丰富的“海底城市”中自在地繁衍生息。无论庞大或是渺小，美丽或是平凡，它们的存在都让海洋这方生息之地显得更加丰富多彩。

鱼的种类繁多，样子也千奇百怪。比如，海马的头像马，尾巴却像猴；海龙像一节节绿色柔软的细竹；角箱也叫海牛，它的正面很像牛的脸；象鼻鱼的长颌就像大象的鼻子；而箭鱼游泳的速度快得就像深海里的火箭；扁平的比目鱼趴在沙子上，加上它斑驳的色彩，则形成了绝佳的天然伪装……

鱼类正是凭借它们奇形怪状的样子和美丽丰富的色彩来保护自己的。

你见过会发光的鱼吗？灯笼鱼长腹两侧的下方排列着许多发光器，能发出夺目的光彩；深海的长尾鳕鱼、龙头鱼体表的黏液含发光物质，全身光环闪烁，犹如龙灯欢舞；金眼鲷的眼下会发光，好似提灯的游客；有一种天竺鲷肛门附近会发光，酷似亮着尾灯的轿车……世界鱼类中约有二百多种鱼具有发光的本领。

蝠鲼的头宽大而扁平，口大如盆，身体左右长成翅膀状，躯体呈菱形，外形十分奇怪。它跃起后再坠入水中发出的声响犹如炮声般隆隆作响。

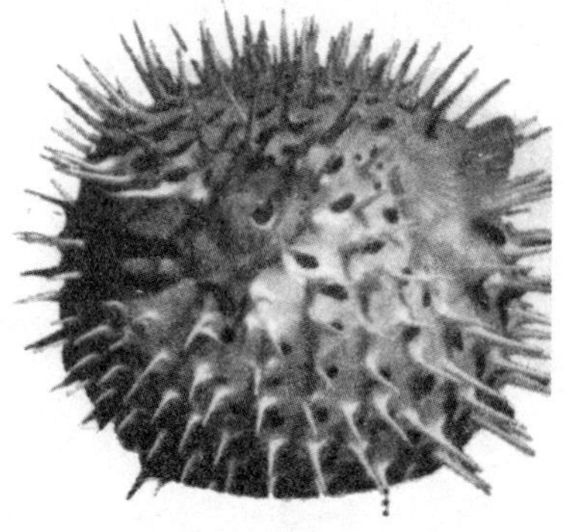

海牛皮肤下的骨片接合成一个坚硬的外壳，把整个身体包围起来，就像一个漂浮的小木箱。因此人们又把“海牛”称为“角箱”。

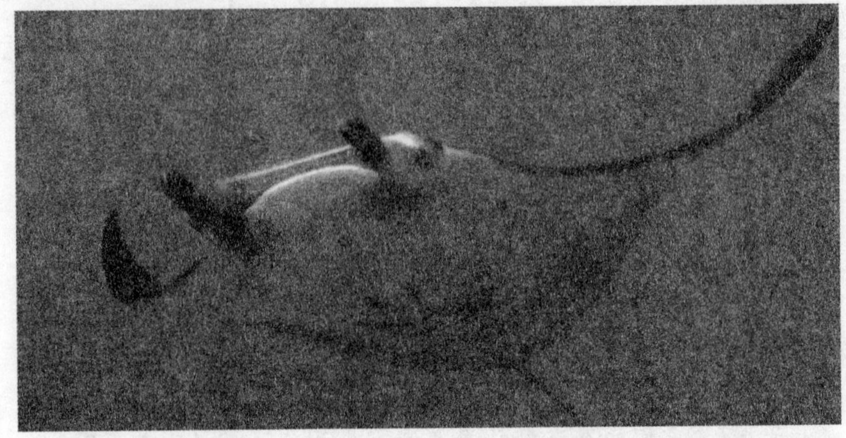

箭鱼生活在深海中，身长有一米多。它长着细长的口鼻和尾鳍，游泳速度非常快。

飞鱼有十分发达的胸鳍，展开后像翅膀一样，在美丽的西沙群岛的海面，常常可以看见一群群飞的鱼冲出海面，在空中滑翔几十米甚至几百米，那种景象非常壮观。

通常一条体长 10 米的锯鳐，其吻突就达两米，且十分坚硬，两边还长着锐利无比的锯齿，好似一把利锯。当它与巨大的章鱼搏斗时，就会利用这把利锯先锯掉章鱼的触腕，然后便轻而易举地把章鱼锯成很多段，再一口一口地消灭掉。

翻车鱼的体形侧扁，而且接近于圆形。翻车鱼懒惰成性，平时总是喜欢懒洋洋地漂在海面上晒太阳，人们又叫它“太阳鱼”。

刺鲀在遇到危险时，会迅速吞下大量的水，使身体膨胀两三倍，同时也会立刻充气，把自己鼓得像个带刺的气球，以此来吓退敌人。

珍稀热带观赏鱼

在广阔的海域中，生活着许多美丽的鱼儿，它们有着五彩斑斓的颜色和变化各异的图案，这些都是观赏鱼自身皮肤的“广告色”。这种“广告色”经过演变、进化而世代相传。人们在观赏珍稀热带观赏鱼的同时，都会感叹大自然神奇的创造力。

所有观赏鱼中热带海水鱼可谓是最迷人的，但同时它们也是最不能适应水质条件变化的鱼。热带海水鱼对水质要求极高，连细微的变化也不能适应，这给海水鱼饲养者带来了极大的困难。宽广无际的海域能够很快就冲淡鱼的排泄物和有机物质腐烂所产生的污染，从而给海水鱼类提供了一个非常清洁的生存环境。而人类用再大的鱼缸也很难创造出这样的环境。

绿河鲀是一个很难饲养的鱼种。如果兑入1/2的人工海水，可将其养至大型的成鱼。在饲养绿河鲀的水箱上配置滤水器时不可以加活性碳，因为活性碳的过滤会降低水的pH值，致使水质不适合绿河鲀生存。绿河鲀娇小可爱，样子憨态可掬，十分惹人喜欢。

从实际饲养情况看，银鲳成长速度快，深受鱼迷的欢迎。它们体色为银白色，背部有黑条纹，腹部有黑色斑点。

圆点石斑鱼的鱼体上布满黑色圆点，并且随年龄的增长而增多，硕大的胸鳍是它们前进的主要动力来源。它们主要栖息在南太平洋、印度洋、东印度群岛及澳大利亚的

昆士兰等一些热带海域。

皇家丝鲈的体色分为两部分：前半身粉紫色，后半身鲜黄色，色彩十分艳丽。两色会合处有黄色斑点，背鳍的前端有黑色斑块。它们栖息在加勒比海及周围珊瑚礁洞穴中。

黄鳍鲳全身银白色，脊鳍及尾部呈半透明的柠檬黄色。这种鱼有两条浅黑色的色带贯穿眼和鳃的后部，色调十分和谐。黄鳍鲳的眼不仅大，而且非常有神。

蝙蝠鲳身体侧扁，体色偏暗，但光泽却十分迷人。它们是黄鳍鲳的近亲，而且体形比黄鳍鲳大。

水中之“蛇”——鳗鱼

鳗鱼在水中游泳的姿态看起来不像一条鱼，而更像一条蛇。鳗鱼拥有细长的身躯，没有鳞片，没有腹鳍、胸鳍和背鳍，尾鳍也很小，所以，鳗鱼只能靠在水中扭动身躯前进。鳗鱼多数潜于海底泥沙中，或穿行于礁石、藏于珊瑚丛之间。

目前，世界上鳗鱼的种类大约有六百多种。五彩鳗是鳝类的一种。它喜欢隐藏在岩缝和洞穴中静静地等待猎物。它还可以蜷起身体，倒着钻进原来似乎不太可能进得去的岩石缝隙里。五彩鳗是“能屈能伸”的海洋鱼类小动物。鳗鱼的视力都极差。每年一到春天，大批的欧洲鳗的幼仔便从海洋游进淡水的河流和湖泊中。秋天，又有大批的成鳗游回到海里去。欧洲鳗的洄游是非常有名的，可是人们从来没看到过它们的卵和鱼苗。这是什么原因呢？原来成鳗是在深海中受精、产卵的，之后成鳗便死亡。孵化出的鳗苗随墨西哥海湾流漂向欧洲，两三年以后才抵达欧洲海岸，这样我们自然也就无法看到它的卵和鱼苗了。

具有高超飞行技能的飞鱼

人们都知道，鱼儿的生存是离不开水的，但是飞鱼的情况较为特殊。飞鱼主要生活在热带和亚热带海域以及中国沿海地区。这些外形奇特的鱼类能够展开如翅膀一般的鳍，时而冲出海面，时而潜入海中，它们的身体在阳光的照耀下呈现出蓝色的光泽。

飞鱼又叫作“燕儿鱼”，因其在展开胸鳍飞翔时如燕子一般，故得此名。飞鱼的外形又细又长，而且呈扁状，它之所以能够飞翔，则要归功于它发达的胸鳍。

飞鱼主要以海中微小的浮游生物为食，繁殖期为每年的四五月份。飞鱼卵质地轻小，表面的膜有丝状突起，适于挂在海藻上。飞鱼的长相奇特，胸鳍发达，像鸟类的翅膀一样。长长的胸鳍一直延伸到尾部，整个身体如织布的长梭，在海面跃起时，展现出一种轻盈的姿态。飞鱼的

体态优美，在海中可以高速运动，速度可达 100 米/秒。其背部呈蓝色，与海水颜色相近，当它在海水表面活动时，颇似一架掠浪而过的小飞机。

飞鱼能够练就神奇的飞翔本领是有原因的。原来，飞鱼的视力很差，所以在大海中觅食艰难，为求得生存，飞鱼要适应这种残酷的环境，于是练就了飞翔的本领。它只能飞起来，以水面的昆虫为食。同时，又使自己避开了大鱼的追逐，免遭天敌的攻击。

其实，从生物学的角度讲，飞鱼的动作并不是真正的飞行，而只是滑翔。每当它准备离开水面时，必须在水中快速游动，胸鳍紧贴身体两侧，像一只潜水艇稳稳上升。飞鱼用自己的尾部用力拍水，整个身体好像离弦的箭一样向空中射出，飞腾跃出水面后，展开又长又亮的胸鳍与腹鳍快速向前滑翔。尾鳍击水产生的浮力会把它送上天空，飞鱼会随着上升的气流在天空作短暂的“飞行”。可以说，尾鳍才是飞鱼“飞行”真正的“发动器”。飞鱼滑翔的高度与持续的时间较短，一般高度为距离水面 1.2 米左右，时间上多可持续 60 秒。当风力适当的时候，飞鱼能在离水面 4 米~5 米的空中飞行 200 米~400 米。有人曾在大西洋测得飞鱼最好的飞翔记录：飞行时间 90 秒，飞行高度 10.97 米，飞行距离 1 109.5 米。当飞鱼返回水中时，如果需要重新起飞，它就利用全身尚未入水之时，再用尾部拍打海浪，以便增加滑翔力量，使其重新跃出水面，继续短暂地滑翔飞行。显而易见，飞鱼的“翅膀”其实并没有扇动，而只是靠尾部的推动力在空中作短暂的“飞行”。

当飞鱼受到水下敌害的进攻时，它能以极快的速度飞离水面。如果没有这条尾鳍，飞鱼就再也不能腾空跃起了，只能在海里度过暗淡的一生，或成为凶猛生物的腹中之物。

神射手——射水鱼

射水鱼广泛分布于东南亚和澳洲地区，它们一般生活在海水和半咸水里。这种神奇的射水鱼有一项特殊的本领，那就是它们能射出水弹，准确地将食物命中。射水鱼自身具有很好的调节功能，这样对它们捕食有着极大的帮助作用。

射水鱼是一种可爱的海洋动物，它调皮好动，机灵敏捷。在天然水域中，射水鱼体长一般可达20厘米~30厘米，人工饲养的射水鱼，多数体长为10厘米。它主要分布于印度到菲律宾、澳大利亚到波利尼西亚沿岸的红树附近的海水、半咸水或淡水中。射水鱼爱吃动物性饵料，尤其是生活在水外的小昆虫。在自然环境中，水面附近的昆虫都是它的捕食对象。射水鱼那双大大的水泡眼，可以在它行动时发挥重要作用。其眼内有一条条可以转动的竖纹，当射水鱼游动时，它的大眼睛既可以观察水面的动态，又能敏锐地捕捉到空气中物体的行踪。然而，射水鱼的高超技艺是如何施展的呢？射水鱼常常贴近水面四处游动，搜索停歇在水面附近草叶上的猎物。当射水鱼发现昆虫后，便立即摆动鱼鳍，迅速地向目标靠近，调整好体位，选择合适的角度瞄准目标。这时，它憋足力气，从口中喷射出一股强有力的水柱。射出的水柱可以在一米之内精确地击中目标。昆虫被击落在射水鱼附近的水面，这样，它就可以独享自己的战利品，美餐一顿了。射水鱼除了可以击落飞蛾、苍蝇、蜜蜂等空中飞舞的小昆虫之外，甚至还能射伤人的眼睛，足以见其喷

射“水弹”的威力之大。

射水鱼究竟是如何“修炼”成这一高超本领的呢？科学家研究得出这样的结论，射水鱼在瞄准目标的同时，能够自动调整水对光线产生的折射作用。当射水鱼在喷射“水弹”时，它的身躯会一直保持垂直状态，眼睛与水面距离非常近，保证了水弹的垂直发射。这样就克服了光线的折射，将食物准确地收入囊中。

抗冻的鳕鱼

大千世界，无奇不有。有会放电的鱼，有会唱歌的鱼，还有一种极为耐寒的鱼——鳕鱼。鳕鱼分布于太平洋西北部，中国的东海北部、黄海和渤海，并且它是黄海重要的经济鱼类之一。

鳕鱼有7个主要种类，主要分布在北半球。其中欧洲鳕鱼主要分布于大西洋北纬40度以北到北极海的高纬度海域。

鳕鱼有非常强的抗寒本领，它可以生活－1.9℃～2℃的冷水环境中。在这样的冷水环境中，如果是温带鱼就会被冻成冰块，而鳕鱼却能自由自在地游来游去。在－2℃时，鳕鱼的代谢也能顺利进行，它在这时的代谢程度相当于热带鱼在10℃～20℃时的代谢程度。当温度为6℃时，鳕鱼根本无法适应这种温度，它会因受热而死。

经科学家研究发现，鳕鱼的血液中含有一种叫肝糖蛋白质的物质。这种肝糖蛋白质是一种生物大分子，由两个半乳糖和三个氨基酸构成一个单元，许多单元又通过化学键连成一根长长的链条，在血液中盘绕卷曲成松散的线圈，这种松散的线圈称为无规线圈。

由于表面张力的缘故，如果想使这种无规线圈的表面结冰，则需要极低的温度。但是当它结了冰，表面的不规则性又会增大。这样反复几次，冰点就会大大降低，鳕鱼便因此具有了极强的抗冻能力。

鳕鱼的这种抗冻本领，给了科学家极大的启发，人类可不可以运用冰冻技术来保存人的生命呢？这样，重要的器官如大脑、心脏的移植等医学问题不就可以很好地解决了吗？现今在医学上疫苗、血液、精液等的低温保存，以及利用局部冰冻损伤的方法来治疗癌症和溃疡，都是对抗冻技术的初步应用。生物抗冻素和低温酶等活性物质的发现对基因工程的研究起到了极大

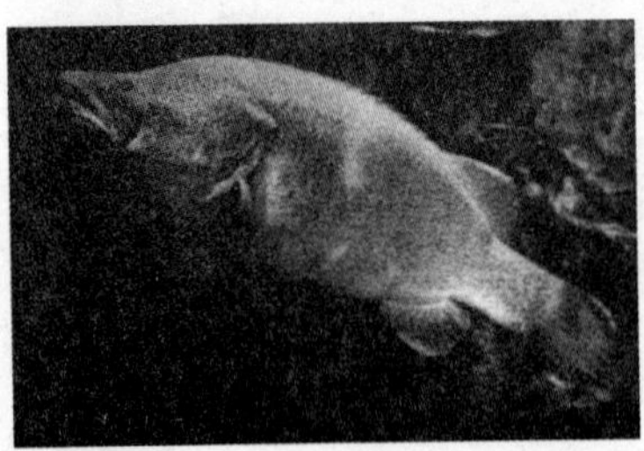

的促进作用。

鳕鱼是海洋世界的大家族，目前已知的约有五百多个品种，是海洋渔业的主要捕捞对象。主要捕捞种类有鳕科、无须鳕科和长尾鳕科。已知全世界鳕科鱼类有五十多种，它们中大多数分布于大西洋北部大陆架海域，重要鱼种有太平洋鳕、大西洋鳕、黑线鳕、蓝鳕、绿青鳕、牙鳕、挪威长臂鳕和狭鳕等。

“永不分离”的琵琶鱼

琵琶鱼生活在南太平洋海域，人们惊奇地发现，琵琶鱼竟然没有一条雄鱼，全部为雌性。这便让人产生了疑惑，琵琶鱼究竟是怎样繁衍后代的呢？这种个头微小的鱼有着奇特的内部构造，它们是雌雄融为一体的神奇鱼种。

琵琶鱼是一种生活在海洋里的底栖性鱼类。琵琶鱼体长大约在四十五厘米左右，最长的可达两米。它们体色多为褐绿色或是灰黑色，体表略带杂色斑点，形状极为古怪。琵琶鱼身体扁平，头略大，背鳍和胸鳍都很发达，尾巴呈马鞭状。琵琶鱼的尾巴和鱼身中间处长有锯齿状锋利的巨刺，刺尖可以排出毒液，若有动物不慎被其刺到，伤口会发炎、肿痛，严重者可致命。

经研究，琵琶鱼之所以能够集雌雄于一体，是由于在雌鱼身体的一侧长有一个不起眼的包裹起来的小瘤，而这个凸起的小瘤就是雄琵琶鱼的居所。雄琵琶鱼和雌琵琶鱼相比，二者外形个头有着明显的差异。人们曾捕到过一条一米长的雌琵琶鱼，令人感到惊奇的是，附在它身上的雄鱼只有 2 厘米长。雄鱼的大部分器官都还是其幼鱼阶段的样子，唯一成熟的器官便是生殖腺。它们只有寄生在雌鱼身上才能保证生存乃至繁衍后代。这其中究竟有着怎样的原因呢？原来，个头微小的琵琶鱼在黑

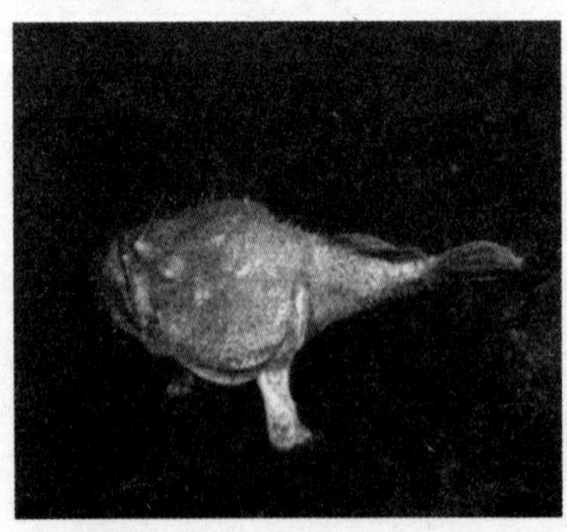

暗的深海里是无法单纯依靠眼睛寻找到合适的配偶的，因而这种自然选择的结果迫使它们必须以“夫妻同体”的方式生存下来。刚刚从受精卵里孵出来的雄鱼，会依靠自己敏锐的嗅觉器官四处寻觅雌鱼。如果找到了，它们就会立即把牙齿嵌到雌鱼的身体里，仅依靠雌鱼吸收养分来维持生命，也就是寄生在雌

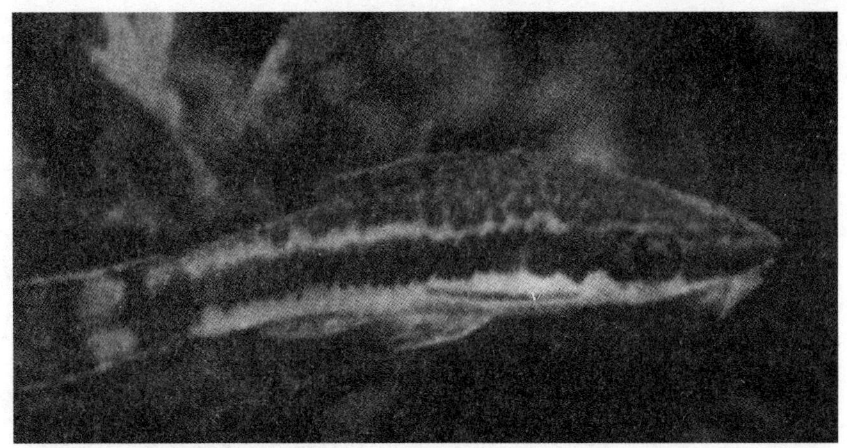

鱼身上，与雌鱼的循环系统合二为一，二者永远地“相依相伴”。雄鱼寄生在雌鱼身上后，它的大部分器官中只有生殖器官在继续发育直至成熟，而其他器官就停止生长了。在这样的生存条件下，雌雄合体的琵琶鱼就可以保证繁衍后代的任务顺利完成。

目前，科学家对琵琶鱼发光的确切机制尚未完全掌握。有很多人认为：琵琶鱼的发光器官中蕴含一种叫“荧光素”的物质，该物质在荧光素酶的氧化作用下即可发出冷光。

神秘的海洋动物

在神奇浩瀚的海洋世界中孕育了多姿多彩的生命。一阵充满盐香的海风拂面吹过，深蓝色的水面下，蕴含着超越想象力的独特景观。

温文尔雅的“使者”——海豹

海豹是一种温顺的海洋动物，它们生活在冰冷而幽暗的深海中，并且以独特的潜水本领赢得了“潜水冠军”的美誉。而海豹皮下厚厚的脂肪也保证它们能够在寒冷的两极地区自由生活。

海豹是哺乳动物，它们和陆地上的豹子是亲戚，但并不像豹子跑得那么快。因为海豹长了一双类似于鱼鳍的脚，所以在陆地上行走时的速度非常缓慢。

海豹最喜欢吃的食物是鱼类，尤其是那些人类不喜爱的鱼类。还有几种海豹喜欢捕食磷虾。别看海豹表面上看好像笨笨的，但海豹在捕食方面可是高手。即使在冰冷漆黑的水里，海豹也能捕猎。因为长在它们脸上的须可以根据身边水压的变化估测到水中动物的方位，所以即使是瞎眼的海豹也能猎食。

海豹的皮毛短而且光滑，身体呈纺锤形，头部圆圆的，貌似家犬，适于游泳。但它们的四肢并不发达，在陆地上只能匍匐前进或扭动。海豹一生中大部分的时间在海中度过，仅在繁殖、哺乳和换毛时才到岸边或冰面上来。南极地区是它们最大的聚居地。

海豹在繁殖期不集群，幼崽出生后，组成家庭群，哺乳期过后，家庭群结束。海豹在冰上产崽，当冰融化之后，幼崽才开始独立在水中生活。少数繁殖期推后的海豹个体则不得不在沿岸的沙滩上产崽。

海豹的表皮下有一层厚厚的脂肪，我们称之为兽脂。兽

脂同鲸脂一样，具有保暖作用。即使在两极地区，海豹也能长时间在水里逗留，它潜水时要闭上鼻孔和耳孔。

一些海豹可以在水中停留达30分钟之久，潜水深度达六百多米。海豹潜水时先吸一口气，然后屏住呼吸，同时心跳降至每分钟4次~15次，这样可以让血液中的氧气消耗得慢些。

海豹是鳍足类中分布最广的一类动物，从南极到北极，从海洋到淡水湖泊，都有海豹的足迹。南极海豹数量最多，其次是北冰洋、北大西洋、北太平洋等地。海豹是鳍足类中的一个大家族，全世界共有19种。其中有鼻子能膨胀的象海豹；头形似和尚的僧海豹；身披白色带纹的带纹海豹；体色斑驳的斑海豹；雄兽头上具有鸡冠状黑皮囊的冠海豹。海豹的身体不大，仅有1.5米~2米长，雄兽的个体重150千克，雌兽略小，重约120千克。

在海洋公园的海豹池中，海豹整日游泳戏水、生动活泼，实在惹人喜爱。若加以训练，它们还会表演玩球等节目。海豹身体浑圆，皮下脂肪很厚，显得很胖而且可爱。两只后脚向后伸展，犹如潜水员两只脚上的脚蹼。海豹游起泳来，两脚在水中左右摆动，推动身体迅速前进。海豹喜欢爬到礁石上，这时它们的动作就显得格外笨拙，善于游泳的四肢只能起支撑作用。海豹爬行的动作非常有趣，因此常引起观众们的朗朗笑声。

外形古怪的中国鲎

鲎鱼浑身都长满了坚硬的甲壳，它们喜欢潜于沙内，也能游泳，以小型两栖动物或有机碎屑为食。虽然它们生活在海里，但它们却与陆地上的蜘蛛是“近亲”。最为奇特的是，鲎鱼竟然有着奇异的蓝色血液，这不免让人们产生很多疑惑……

鲎是一种生活在海洋里的节肢动物，它有着奇特的外形，又被称为“中国鲎”“东方鲎”，俗称“鲎鱼”，主要生活在太平洋沿岸、北爱尔兰沿海、北美洲东部沿海地区，在我国浙江以南浅海中也很常见。它们在涨潮时上岸接受阳光的沐浴，退潮时又随之回到深海。在我国东南沿海的沙滩上，每年5月~8月都可以看到成千上万的鲎上岸繁殖的壮观景象。

鲎的形状极为古怪，它的身体分为头胸、腹及尾三部分。头胸呈半月形，腹部较小，略呈六角形，尾呈剑状。鲎的浑身长满了坚硬的甲壳，可以入药、也可作为肥料。

鲎的头胸甲宽大，形状类似“马蹄”，所以它又叫“马蹄蟹”。然而它跟蟹并非同类，反而是蜘蛛的“近亲”。这就出现了一个令人不解的问题：蜘蛛在陆地上生活，而鲎却生活在海里，它们究竟有怎样的联系呢？科学研究结果表明：鲎与蜘蛛有着相似的内部构造，它们的头部都没有触觉；都有6对胸肢，并且都有相同的血液成分等等。但它们的生活习性和生理特征却迥然不同。

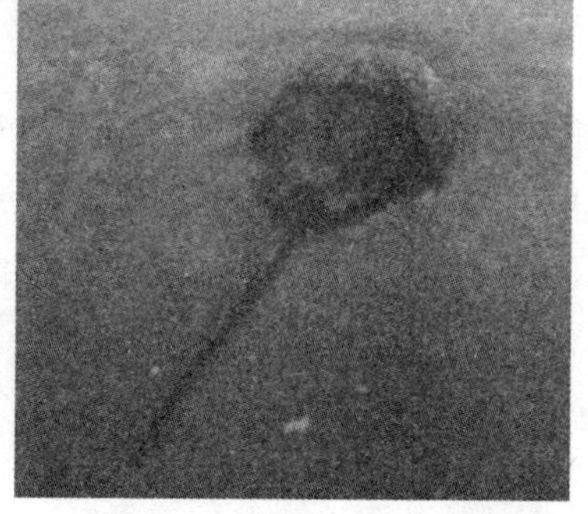

鲎有着类似于“书页”的呼吸气管，即“书鳃”。它由15片鳃叶以及5对透明薄板组成，是鲎的整体构造中的重要组成部分。书鳃既可以在鲎游泳时起到辅助作用，又可以过滤流经鳃中的

泥水。而且鳃叶可储存水分，这样就能保持上岸时身体湿润，为自身提供足够的氧分。

鲎于春夏之际开始繁衍后代，每到这时，成群结队的鲎就游到浅水区，爬到海滩上进行繁殖。幼鲎在发育之初会蜕皮三次。最初幼虫被包裹在一层透明的薄膜里，仅靠薄膜的营养存活发育。当它完成两次蜕皮后，便本能地钻到沙子里去，经过四十多天，会再蜕一次皮，这时它的体长会增大一倍，剑尾也会显露出来。由于鲎的发育过程与已灭绝的三叶虫形态相似，因此将其称为鲎的“三叶虫时期”。

鲜为人知的是，鲎竟然有 4 只眼睛。头前有两只复眼，另外两只分别位于头两侧。复眼对于鲎的视觉功能起着重要作用，使其能够在最大范围内观察事物，同时，有利于它搜寻食物并及时防御敌害。

鲎有极其敏锐的视觉器官、坚硬的外壳，以及锋利的尾刺，所以很多敌人都不是它的对手。然而，近些年来人类的捕网正逐渐向它逼近。由于鲎的内脏鲜嫩，附肢多肉，它已成为人类餐桌上的美味佳肴。而且，鲎有着不可估量的药用价值，因此，人们对它便开始有了更多的关注。

鲎的血液中含有大量的铜物质，所以对其要取之有度。同时希望人类在捕用鲎的过程中也能注重生态物种的保护，以便于对其更好地利用。

会打捞物品的章鱼

章鱼又称“蛸”“望潮”，是头上生有8条腕的软体动物。故通称为“八带鱼”。它们多栖息于浅海沙砾或软泥底以及岩礁处。章鱼的大脑和神经系统发达，并且有着极强的记忆力。所以，它常被视为最聪明的无脊椎动物。

章鱼的体形较小，它的身子环绕着头部并与头连为一体，从头部伸出8条腕，腕间有膜相连，每条腕上都有两排肉质的吸盘，能稳固地吸附在海底并且有力地抓取猎物。它的腕足上有敏锐的触觉、味觉器官，这样能够很好地帮助它辨别食物。

章鱼体内的构造奇特。在它的颈部，有一个被称作“漏斗”的管子。当章鱼游动时，从漏斗处可喷出高速水流，由此产生的反作用可以推动章鱼快速前进，这就使章鱼的行进速度远远超过其他海洋动物，便于捕捉猎物。当它遇到敌害时，可以迅速逃跑。

章鱼可以运用“障眼法”迅速逃生。因为章鱼的神经系统可以对皮肤上的颜色细胞进行有效控制。当受到外界刺激时，章鱼可以运用“障眼法”迅速逃生。章鱼受到外界刺激时，颜色细胞便会排列到表皮，顿时呈现出不同的颜色。有时颜色变换缓慢，有时会瞬间突变，这种颜色变化可以使它与周围环境相融，以欺骗敌手，及时保护自己。

章鱼还可以靠体内的墨汁腺和液囊逃避敌害。墨汁腺与液囊同消化系统相连。墨汁腺能够制造出一种黑色或褐色液体，流入空空的液囊，当危险临近时，章鱼便将液囊中的墨汁通过肛门喷出来，用烟幕来迷惑敌手。

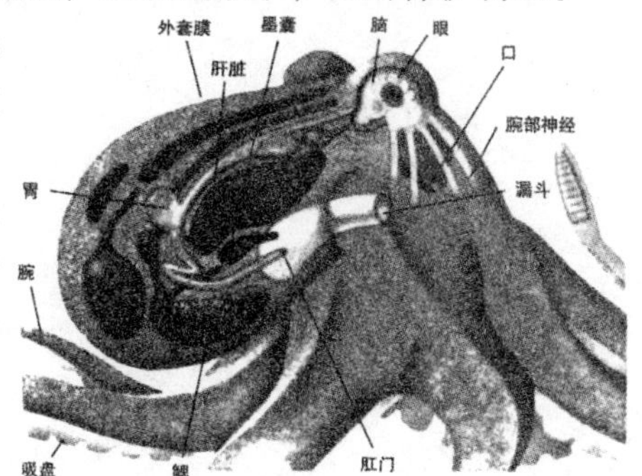

最厉害的是，章鱼竟然可以

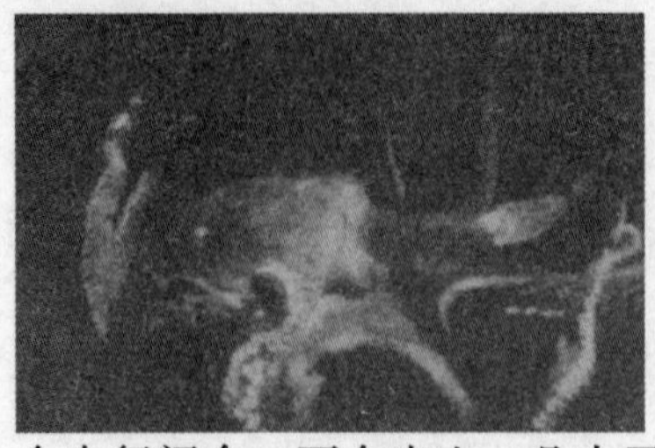

自行断足。有时，章鱼难以逃脱敌手的追捕，如果腕足被敌手捉住，它就会使出最后的绝招，将腕足上的肌肉收缩，用力切断腕足。这时，敌害会扑向扭动的腕足，而章鱼早已逃之夭夭了。章鱼一般在腕足的4/5处自断，自断后伤口会自行闭合，不会出血。几十天后，就会生出新的腕足。

章鱼特别喜欢藏身于瓶罐、容器等空的器皿中。人们利用它的这一特殊习性，成功地发挥了章鱼的打捞作用，使之成为“打捞高手”。

那么怎样发挥章鱼的这一奇特功能呢？这个称职的水下“打捞工”又是如何“工作”的呢？19世纪初，日本皇室用货船装载大量珍贵瓷器，回国途中在日本海出了事故，船沉入大海。事情过去了一百多年，沉船的地方太深了，以至于潜水员无法下潜到那里。最后，有人想出了一个妙招：请章鱼帮忙。人们将长绳绑在章鱼身上，再把它们慢慢地放到沉船处。“打捞工”突然发现了各种美丽的器皿，便立即钻进去，这时人们再慢慢地提起绳子，不知不觉间，章鱼就发挥了其巨大的作用，这个“打捞高手”成功地挽救了沉船中的珍贵瓷器。

横行海洋的螯钳将军——蟹

螃蟹有着坚硬的外壳，它们挥舞着一双巨大的螯钳，如大将军一般，威风凛凛地在沙地上横行。它们用细棒状的眼睛机警地巡视着周围的一切，同时仔细寻找可以果腹的食物。

“横行霸道”的蟹子，长着一对大螯钳，这对重要武器，不仅能用来捕捉食物，还可以用来制服敌人。由此我们就可以知道为什么蟹又叫作“横行海洋的螯钳将军”了吧！

蟹素有“横行将军”之称，其实它们横行是有科学道理的。岩石中的磁场不但会改变方向，而且还经常倒转。蟹对地磁场很敏感，又因为蟹“资格”较老，它们从祖先开始就经历了不止一次的磁场倒转，所以它们不得不采取折中的解决办法——既不向前行进，也不向后行进，而是横行。

装饰蟹的身上盖满了海草和形如海绵的水生动物，它们用细小的挂钩固定在装饰蟹身上。等到这些活着的装饰物长大，在蟹的身体上就形成了一个覆盖层，这便使蟹子能够很好地伪装起来。还有一些蟹会找一个壳放在自己身上，把自己隐藏起来，也有些蟹把带有棘刺的海葵放在自己的螯上，看起来十分滑稽和可爱。

随波逐流的“长袖美人”——水母

水母是一种非常美丽的水生动物，它挥动着条带状的触手，在水中展现出婀娜多姿的形态。水母的身体没有固定的形状，有的如撑开的雨伞，有的如闪亮的银币……这种外表美丽的动物却会用触手置敌人于死地，是名副其实的“蛇蝎美人”。

水母常年生活在水中，是低等海洋动物，它没有固定的形状。水母的身体里绝大多数都是水，所以看上去就像透明的一样，非常漂亮。

水母的身体外形如一把透明的伞，伞状体直径有大有小，大水母的伞状体直径可达两米。在伞状体边缘还长有一些须状条带，这种条带是水母的触手，有的触手可长达 20 米～30 米。浮动在蓝色海水中的水母，向四周伸出长长的、五颜六色的触手，非常美丽。

1870 年发现的最大的水母呈伞状，直径为 22.8 米，触手长达 36.5

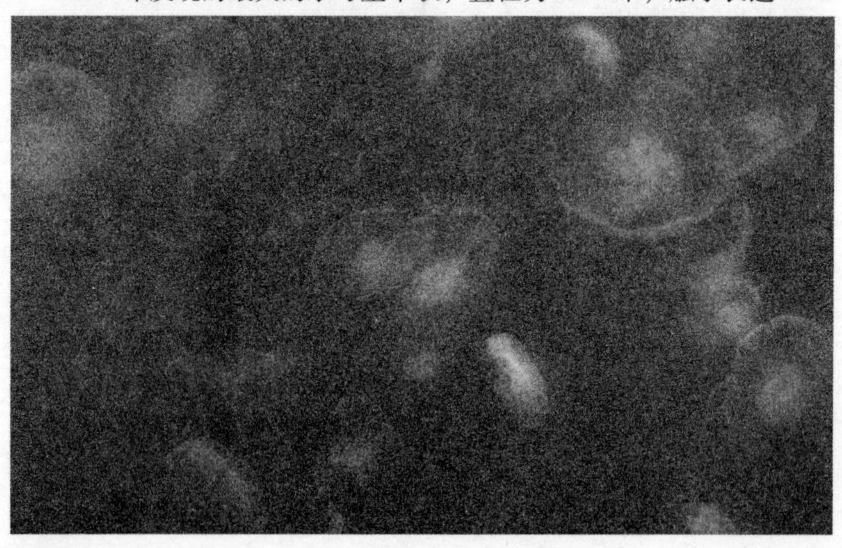

米。而最小的水母全长则只有 12 毫米。

别看水母在水里非常美丽、自在，可是没有水它就无法生存。水母身体里的含水量竟达 98%，它的进食、消化、排泄都必须在水中才能完成。如果没有水，水母的身体就会变小，也就会变得十分难看。

海底武士——虾

虾是一种身体侧扁的海洋动物，它们的身体分为头胸部和腹部两部分，体表长有一层坚硬的外壳。虾喜欢过集群生活，它们常常蜷曲着身体，挥舞着“锋利”的螯足在海底游动穿梭。

虾是一种生活在浅海海底的节肢动物，喜欢在泥沙中爬行，用鳃进行呼吸。它们的身体表面有一层很硬的“铠甲”，再加上钳子一样的螯肢，犹如一个威风凛凛的武士！

世界上最庞大的动物群并不是壮观的驯鹿群，也不是角马群，而是由磷虾组成的群体。有时一个磷虾群可以形成500米长、数百米宽的队伍，而每立方米海水中磷虾的数量多达3万只！不过它们常常成为鱼类、海鸟、海豹和鲸等动物的捕食对象。

磷虾喜欢集群生活，也许这是一种本能反应，以便在遇到天敌或在恶劣环境中生活时能够相互照应，求得生存。

磷虾全部是海生种类，它们分布广、数量大、是许多经济鱼类和须鲸的主要捕食对象，也是渔业的捕捞对象。它们雌雄异体，间接发育。磷虾幼体滤食硅藻和有机碎屑，成体则捕食小型浮游生物，它们大量集群在水中，有昼夜垂直移动的习性。

海洋霸主——鲸

体形巨大的鲸是一种充满智慧的水生哺乳动物，它们身体光滑呈流线型，可以在水中畅游。在哺乳动物中，鲸是一生中每时每刻都生活在水中的，它们是真正的“海上霸主”。

鲸是动物界中首屈一指的“巨人”，但它们从不以大欺小、滥用暴力。在鲸类家族中，大多数都性情温和，是人类的好朋友。

蓝鲸是鲸类中体形最大的一种。看上去粗枝大叶、肥肥壮壮的蓝鲸却有着非常狭窄的喉咙，它们甚至只能吞下体宽在 5 厘米以下的小鱼。蓝鲸这样的生理结构十分有利于海洋鱼类的繁衍生息，因为如果成年的鱼也能被它吃掉，那么海洋中的鱼类也许很快就会濒临灭绝了。

鲸的睡眠时间是不固定的，如果遇到大风大浪，它们一般不睡，等风平浪静以后，便由一条雄性鲸把“家庭”中的所有成员聚集在一起，以它们的头部为中心，相互依偎着，呈放射状，漂浮在海面上睡觉。

生活在大海中的鲸类，是爱“唱歌”的“音乐家”，它们的声音非常嘹亮，可以传得很远，一般可传到水下 8 千米的地方，有时候甚至在 80 千米外还能听到鲸的声音。鲸没有声带，它们是通过体内空气流动而发声的。鲸虽然很喜欢“唱歌”，但也不是天天都唱，它们一般连续唱几个月后，就会连续休息几个月，劳逸结合使鲸的歌声更加悦耳动听。

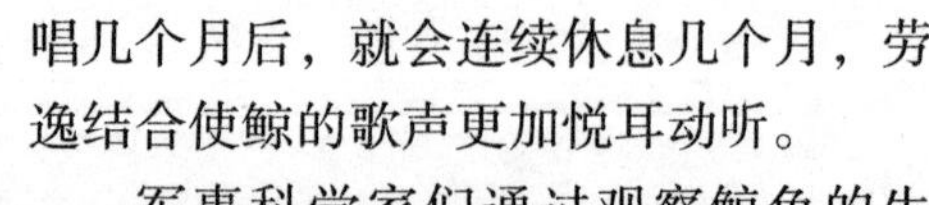

军事科学家们通过观察鲸鱼的生活，注意到鲸鱼每隔 20 分钟 ~ 60 分钟，就要浮出水面呼吸一次，每次最先浮出海面的总是鲸背部的中央部分，依靠背部拱出水面，然后探出头来“喷泉”。科学家从中得到了启示，加强了潜水艇顶部凸起的指挥台以及围壳等上

部结构材料的强度和厚度，并把潜艇外形模仿成鲸背的样子，这样对潜水艇冲出带冰的海面起到了很好的保护作用。

鲸的种类很多，大大小小，各种各样，全世界共有九十多种，大体可以分为两类：一类是有牙齿的，叫齿鲸，它们嘴里长满了尖利的牙齿，没有鲸须，有一个鼻孔，能发出超声波，这一类鲸性情十分凶猛，如虎鲸、抹香鲸等；还有一类是没有牙齿的，叫须鲸，这类鲸数量较少，有鲸须和两个鼻孔，只吃小鱼小虾，性情很温和，如长须鲸、蓝鲸、座头鲸等。所有的鲸都是用肺呼吸的，它们的鼻孔长在头顶上，每次呼吸时会把许多海水喷出来，远远看去就像大喷泉一样漂亮。

海洋勇士——海豚

海豚喜欢成群地生活，它们有着流线型的身体，能够在水中游动自如。海面上，海豚们依次冲出水面，在空中画出美丽的弧线，再落入水中。这种聪明的动物会在人类遇到危险时，毫不犹豫地伸出“援助之手”。

海豚是海洋世界中最聪明的动物。它们喜欢和同伴们一起生活在温暖的海域中。海豚的数量众多，广泛分布于各个海洋中。在人类遇到危险时，海豚会毫不犹豫地伸出“援助之手”，因此，它们是人类心中善良的化身。

海豚用肺呼吸，气孔位于头顶，直接连接肺部，使其能够在快速游泳的同时自由呼吸。潜入水底前，海豚会吸入空气，使整个肺充满气体；而浮出水面后，它们便会用力将肺里剩余的空气从气孔呼出。因为从肺部排出的气体温暖而潮湿，会迅速凝结成小水珠，这样就形成了我们常见的喷水柱。

海豚喜欢过“集体”生活，少则几只，多则几百只。海豚是一种聪明伶俐的海洋哺乳动物，经过训练，能进行顶圆球、跳火圈等表演。除人类以外，海豚的大脑是动物中最发达的。人类的大脑占自身体重的2.1%，海豚的大脑占其体重的1.7%。

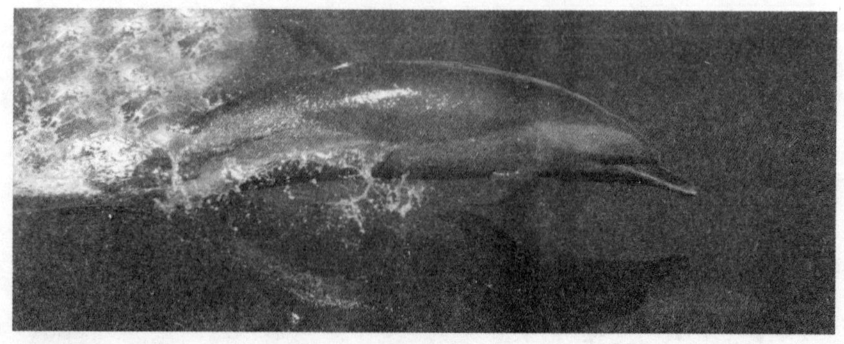

海豚有一种非常特别的“超能力”，当它们睡觉时，可以两个脑半球轮流休息。当左侧的大脑半球处于抑制状态时，右侧的大脑半球却处于兴奋状态，间隔约十分钟交替一次。这样海豚能一边游泳一边睡觉，所以它们可以终日搏击风浪，而不会感到疲乏。

海豚属于哺乳类动物。雌海豚需要怀胎一年才能生下小海豚。幼小的海豚在母体中已经基本发育完整。与其他陆上哺乳类动物不同的是，中华白海豚出生时，与其他鲸目动物一样是尾巴先出来，这样可以避免小海豚溺水。另外，小海豚出生后，雌海豚会协助其游上水面吸入出生后的第一口空气。初生的小海豚重约十千克，长约九十厘米，以母乳为食。通常中华白海豚一胎只生一只，哺乳期为6个月。

海豚靠回声定位来判断目标的远近、方向、位置、形状，甚至物体性质。有人曾将海豚的眼睛蒙上，把水搅浑，它们也能迅速、准确地追到扔给它们的食物。

深海中的“美丽杀手”——海胆

被称为“龙宫刺猬”“海底树球”的海胆是一种外形奇异的海洋动物。它看上去娇小可爱，然而在其小小的身躯下却隐藏着惊人的杀伤力。海胆的针刺极有威力，是海胆用以自卫的强大武器。当遇到敌害时，海胆的毒针便能显示出巨大的威力。

在浩瀚无垠的大海深处，有很多奇异的海洋动物徜徉其中。因海洋与陆地有着截然不同的生活环境，大海给海洋生物提供了广阔的生活空间，所以这些动物身上常常具有许多特殊的功能。

海胆就是一种外形奇特的海洋动物，它个头不大，体形呈圆球状，直径大约二十厘米，犹如一个长满硬刺的紫色仙人球，有“海中刺客”的雅号。海胆的外壳由20块石灰质板片相连构成，以此来保护它那层薄薄的皮肤。管足从板片上的一些小孔伸出，其末端带有吸盘。通过向孔内压水，便可以使海胆沿垂直表面向上攀升。

在体形各异、形态多样的海胆中，有一种个头最大的“超级海胆”。它的外壳上长着约二十厘米的针刺，这些针刺依靠与板片的连接

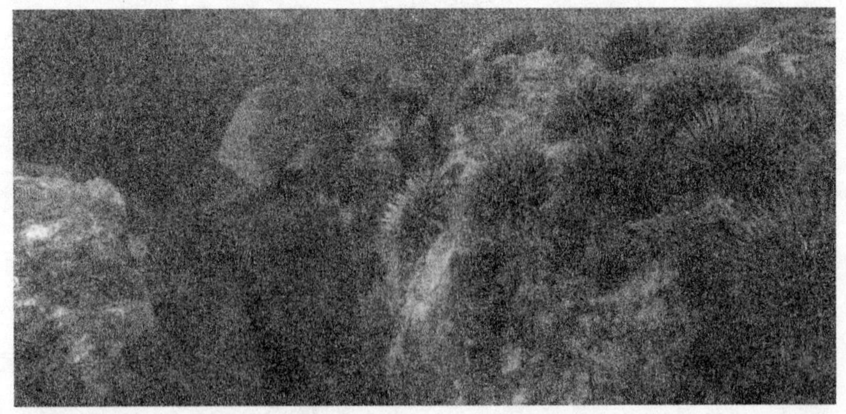

而活动自如。海胆不但可以靠这些针刺行走，更重要的是可以借助它们防身。

在海胆身上的针刺之间分布着一些类似于钳子的器官。它们可以靠这些“小钳子”轻松地除去针刺之间的一切障碍物。

海胆与丛林中的刺猬也有很多相似之处，所以渔民常把海胆称为“龙宫刺猬”“海底树球”。但是，在海胆身上常常寄居着如甲壳类、海参类以及蠕虫等许多软体动物。它们成了海胆的不速之客，然而却能与海胆和平相处，过着安逸的生活。

海胆有背光和昼伏夜出的习性，靠针刺防御敌害。当发现猎物或遭到攻击时，海胆便用针刺把毒液注入对方体内。所以，人或动物都容易受到海胆的伤害。海胆的针刺排列呈螺旋状，并且在刺尖上生有倒钩。一旦海胆的刺进入人体，便很难将其取出，同时，毒液发挥了作用，致使伤者的伤情加重。当海胆与敌人作战时，它精力高度集中，常常运用灵活敏捷的针刺给敌人造成致命伤害。海胆的针刺极为敏感，即使是某个东西的影子落到身上，针刺也会马上行动起来，进入紧张的备战状态。当海胆攻击敌手时，它就会将几根针刺紧靠在一起组成尖利的“矛”，以便发出惊人的威力。

鸟类王国

进入鸟类王国，由此便开启了一扇感受生命之美的大门，使人们时刻记得保护这些大自然的精灵，保护它们也是保护我们人类共同的自然家园。

形形色色的鸟

鸟是地球上最可爱、最有趣的动物，形形色色的鸟构成了生动有趣的鸟类王国，它们或是飞行高手，或是建筑大师，或是凶猛的空中杀手，或是攀缘冠军，或是竞走健将……这些拥有美丽外衣的鸟儿是世界上最美的空中精灵。

鹤被称为“优雅的艺术家”，它们的舞蹈非常优美迷人：时而翩翩起舞，时而鞠躬，时而用头贴地，时而又纵身飞向空中，舞蹈的同时又有鸣声伴奏，不愧为鸟类中的“艺术家”。

仙鹤有一身洁白干净的羽毛，头顶裸露部分为朱红色，像戴着一顶红色的帽子，所以人们又称它们为丹顶鹤或“戴红帽的仙鹤”。它们常常像贵妇人那样庄重、高雅地来回踱步，有时也展翅奔跑或翩翩起舞，发出嘹亮的鸟鸣声。仙鹤是举止端庄典雅的鸟类。

非洲鸵鸟是鸟类中的“巨人”，它们是世界上现存体形最大的鸟。雄性鸵鸟身高可达2.5米，体重达155千克，而雌性鸵鸟则稍小一些。鸵鸟都不能飞行。

企鹅主要生活在终年积雪的南极，它们是大家公认的最不怕冷的鸟。它们的羽毛短小、坚硬，皮下有一层厚厚的脂肪。穿上这样的厚实外套，企鹅便能在冰冻的世界里安适地“过日子”。

鹏鹕栖息于湖泊、江河、水库和池塘中，主要以各种小鱼、虾和水生昆虫为食。它们是一种体形短扁的小型游禽，由于游泳时常常只将头部露出水面，非常像鳖，所以人们又给它们起了一个绰号叫“王八鸭子”。

秃鹫的头顶和颈部都没有羽毛，光秃秃的很难看。秃鹫视觉敏锐，在几千米的高空能看见地

上的一只小老鼠。此外，秃鹫是一种食腐鸟，它们具有极强的抵抗腐肉中病菌的能力，因此秃鹫又被人称为“不生病的清道夫”。

蜂鸟可以像蜜蜂一样摄取花蜜。蜂鸟只有人的手指一般大小，鸟蛋也只有一粒绿豆那么大，全身的羽毛加起来还不足一千根，它是世界上现存最小的鸟。蜂鸟的喙细长，如同一根吸管，能轻松自如地伸进喇叭形的花中取蜜。这种袖珍鸟也极具观赏价值。

有种体态轻盈的海鸥非常善于在空中叼食，它们往往跟随在游船或军舰后面，发出“哈哈哈哈”的鸣叫声，很像人的笑声，所以人们称这种会“笑”的海鸟为“笑鸥”。

鸢长着枯叶一样颜色的羽毛，它们白天藏在粗树枝上或草丛中，极难被发现，所以又被称为“贴树皮”。黄昏时常发出“咕咕咕”的鸣声，人们因此又给它取名为“夜刮子”。

杜鹃是较常见的鸟类。杜鹃一般背上为褐色，下腹白中掺有黑色横斑。它们常将卵产于画眉、喜鹊等鸟巢中，自己却从不筑巢孵育儿女，因此被认为是最偷懒、最不负责任的“父母”。

猫头鹰被称为“夜间卫士”和“森林猎手”。它们是典型的森林鸟类，大都生活在有大片树林的地方。大多数猫头鹰以小动物为食，有些甚至还吃毒蛇。它们的进食方式很独特有趣，一般是以囫囵吞枣的方式咽下去，不能消化的东西则会形成食茧吐出来。猫头鹰一般白天隐藏在密林深处的茂盛枝叶间，傍晚则飞到开阔地猎捕野兔、蛇和田鼠等。猫头鹰是捕鼠高手，每只每年至少要消灭一千多只田鼠。猫头鹰是益鸟，但许多人把它视为一种不吉利的鸟，因为它的叫声悲凉凄婉，像是哀悼的乐曲，让人听了害怕、不舒服。

金雕被称为“空中霸王”。它是一种性情凶猛、体格强壮的猛禽。抓捕猎物时，它们的爪子像利刃般迅速刺中猎物的要害，奋力撕裂皮肉，扯破血管，甚至扭断猎物的脖子，手段异常残忍。金雕巨大的翅膀一扇就可以将弱小的猎物击倒在地，顷刻间昏死过去。

鸬鹚俗称“鱼鹰”，是过去渔民经常豢养的鸟类，驯化后用来捕鱼，被誉为“水中猎犬”。它们通体为黑色，眼睛为绿色，颊部是白色。善于游泳和潜水，喜欢群居，常在水边的大树上安家。

大天鹅是有情有义的鸟类，它们一夫一妻，彼此终身不离不弃。当它们占有了其他水鸟的巢时，并不把别人的卵扔出去，而是一视同仁，和自己的卵一起孵化。晚上休息时，它们会轮流站岗放哨。

黄腹角雉飞行能力极差，行动迟缓笨拙。若被人追赶时，只会逃跑，待到走投无路时，它们便会把头钻进灌木丛、杂草中，把后半身当做草丛隐蔽起来。这种掩耳盗铃的方法，起不到任何作用，因而被人称为“呆鸡”。

太平鸟又叫作“十二黄”，有时也被人称作“连雀”。它主要分布在欧亚大陆北部及美洲西北部，它们的 12 枚尾羽尖端均为黄色。太平鸟的食性较杂，它们夏天吃昆虫，冬天吃浆果。

在寒冷的冬季，簇山雀常常与黑顶山雀、啄木鸟等组成混合群，成百只混合着在森林中一起进行集体活动。

勺鸡又叫“柳叶鸡”。大多栖息于海拔 700 米 ~4 000 米的针阔叶混交林中，以植物根、果实及种子为主食。它们终年成对活动，在地面以树和杂草筑巢。

中国的特产鸟类——褐马鸡，现已被列为国家一级保护动物。褐马鸡栖息在山地林区，白天活动于灌木丛中，晚上则住在大树杈上。在春季繁殖时期，它们分散活动；而在冬季时，褐马鸡则成帮结伙地集体觅食。

黄眉柳莺有着橄榄色的羽毛，它们的眼睛上长有一条淡黄色的眉纹，翅膀上有两道白斑，这是它们最显著的特征。它们活跃在树梢枝杈之间，不停地跳跃、啄食，非常活泼可爱。黄眉柳莺有时还被人们称为“柳串儿”“树叶儿”等。

白鹇一般长期栖息在海拔 1 400 米 ~1 800 米高的深山密林中，它们以群居为主，上身和翅膀都是白色的，远远望去，像披着白色的“斗篷”一样，上面嵌着“V”字形黑色条纹，体态娴雅而美丽。

栖息于森林的寿带鸟是一种相貌英俊的鸟，它们长着褐色眼睛、蓝嘴巴、褐色脚爪。雄鸟尾巴中间长着两根非常长的羽毛，比它们的身体还要长几倍，在阳光的照射下像一根透明的带子一样。

琴鸟的尾巴展开时像七弦琴一样，更绝妙的是它们可以模仿任何声音，包

括鹦鹉扇翅膀的声音，因此它们是鸟类中有名的“音乐家”。

蓝鹇是中国台湾地区的特有鸟类，栖息在海拔 2 000 米 ~ 2 300米高的山地原始阔叶林中。它们喜欢过安静闲适的生活，所以被称为“林中隐士”。它们外表美丽动人，全身黑色且闪着蓝色金属光泽，羽冠和背部为白色，肩羽则为红褐色。

橡树啄木鸟喜欢过群居生活，但它们的团队数量也是有限的，数量一般不会超过 15 只。它们夏天吃昆虫，冬天吃橡树果实，常在枯树上凿出上千个洞作为“谷仓”，用来存储果实。

孔雀是闻名于世的观赏鸟类。美丽的雄孔雀有一身五彩斑斓的羽毛，它的主要作用是在繁殖季节用来吸引异性目光的。它们大部分时间会结群生活，只有在繁殖季节，雄孔雀才会确定自己的领地。处在繁殖季节的雄孔雀还会发出响亮的叫声，以吸引异性同伴的注意。

雄孔雀有一件光彩夺目的外衣，这主要是因为孔雀的羽毛表面覆盖着一层薄薄的角质，能把日光反射成灿烂耀眼的光彩。这种颜色会随光照角度的变化而改变。因此，在羽毛移动时，羽毛上闪烁不定的“伪眼”会随着位置的变化而改变颜色。雄孔雀就是以此增加自己亮丽的色彩的。世界上主要有三种孔雀，即绿孔雀、蓝孔雀和刚果孔雀，还有一种数量稀少的由蓝孔雀变种的白孔雀。其中最常见的孔雀就是蓝孔雀。

中国云南南部和东南亚的开阔草原地带，遍布灌木、竹林和阔叶树木的空旷高原地带，尤其是沿河两岸及林间空地都是最适宜绿孔雀活动栖息的场所。绿孔雀常组成一雄多雌的小型群体，在凌晨和黄昏时外出觅食果实、种子和一些小动物。

生活在印度和斯里兰卡开阔森林中的蓝孔雀与绿孔雀很相似，但羽色以蓝色为主，头顶的冠羽呈球拍状。它们以地上的种子、果实、新叶和昆虫为食。

雄孔雀有五颜六色的尾羽。相比之下，雌孔雀身上的色彩就逊色多了，它们没有像雄孔雀那样美丽的尾羽。在繁殖季节，雄孔雀会展开尾屏炫耀自己五光十色的羽毛，这就是人们常说的“孔雀开屏”。

雌孔雀的羽毛主要呈棕色，这便于它们在繁殖后代时伪装自己。虽然雌孔雀没有色彩艳丽的尾屏，但是它们会选择拥有最美丽的尾屏的雄孔雀来进行交配。

孔雀天生就是个胆小鬼，它们常在天黑时才会出来活动。它们听觉灵敏，视觉敏锐，生性机警，往往躲在树上引颈环顾，一遇到风吹草动就会惊飞到另外一个地方。

鹦鹉大约有三百种，大部分栖息在南半球。它们喜欢成群结队地在雨林上空飞行，大多数鹦鹉拥有五彩缤纷的羽毛，主要以水果、种子和花蜜为食。由于人们滥伐森林和非法捕猎，鹦鹉数量在急剧减少，某些种类的鹦鹉甚至濒临灭绝了。

鹦鹉技艺高超。因为它们口舌灵巧，不仅能模仿人类说话、唱歌，甚至还能模仿二胡、小号的演奏声。鹦鹉是一种聪明伶俐的鸟类。

鹦鹉在求偶时，动作极其丰富有趣。两只鸟体的一些部位会互相亲密接触，如击喙、亲吻、抚弄羽毛、头颈交缠或彼此相依等。

色彩丰富的虹彩吸蜜鹦鹉是分布最为广泛的一种鹦鹉。它们成群结队地活动，生性活泼好动，叫声嘈杂，主要以花粉和花蜜为食，有时也吃种子、果实和昆虫。

鹦鹉是一种非常机警的鸟类，在觅食的时候，常常派出一名“哨兵”放哨。一旦发现危险，“哨兵”便会立即发出警报，告诉同伴赶快分散撤退。倘若一只鹦鹉不幸被打死了，其他的鹦鹉会给其举行一个集体哀悼仪式，发出凄凉的悲鸣声，在它尸体周围久久盘旋，不肯离去，那场面很是让人感动。可见，除了人类，鸟类也是有情感的生灵。

鹦鹉是最不幸的宠物。每年

有成千上万的鹦鹉在雨林中被捕捉，然后被贩卖到各个国家，长途运输的恶劣环境使许多鹦鹉死掉了。对于野生鹦鹉来说，被人捉去当宠物是一件非常不幸的事。虽然当上了“宠物”，可以“衣食无忧”，主人也会很珍惜疼爱它们，但是无论是人还是动物，拥有自由才是最幸福的。

美国鸟类学家驯养了一批专为盲人引路的“导盲鹦鹉”，经过严格的训练后，它们能够辨别交通信号灯的颜色，并能根据具体情况，准确地向盲人发出“前进”“停”“左转弯”“右转弯”等口令。“导盲鹦鹉”的出现，为盲人带来了方便。

紫蓝金刚鹦鹉是鹦鹉家族中体形最大的。它们生活在南美洲，全身都是紫蓝色的，只有眼睛周围是鲜艳的黄色。它们的喙比较大，能敲碎坚硬的棕榈树坚果的外壳。

“缝纫”技巧高超的缝叶莺

自然界中许多动物的一些习性或技能会给人类以启示，令人惊奇的是，很多鸟儿有着让人叹为观止的绝活，比如缝叶莺高超的缝纫技术。我们人类的缝纫技术是不是也从缝叶莺那里得到了启示呢？

在中国的南部、印度和亚洲东南部的热带、亚热带森林的芒果树和番石榴树等树上，生活着一种身躯娇小、尾巴很长的缝叶莺。

缝叶莺和莺同属一科，它的体态和羽色跟莺很相似。长尾缝叶莺体长约十一厘米，比麻雀稍小，而尾巴则有 5 厘米 ~6 厘米长。它的头顶呈红褐色，眼周和眉纹为鹅黄色，头部白色。上体的羽毛呈现鲜艳的橄榄绿色，其他羽毛则暗褐带黄。缝叶莺的喙细长而且微微弯曲，两脚瘦长而强劲有力。

缝叶莺常常在公园、果园、树篱和灌木丛中筑巢。每年春天，雌雄缝叶莺纷纷寻找情侣，双双结伴，共同营建自己的安乐窝。

缝叶莺作为鸟类中的“缝纫能手”，以缝纫筑巢的高超本领令世人称奇。缝叶莺于每年 4 月 ~8 月开始交配。这时莺妈妈便开始了繁忙的工作。它们缝叶筑巢，为自己的孩子建造一个温馨舒适的家园。缝叶莺筑巢的地方多为安全隐蔽的芭蕉等大叶上，并用垂下的树叶作为基本材料。它们先用嘴叼住树叶的一端，同时配合脚用力拨树叶，使之变成长长的像袋子一样的形状，然后缝叶莺便开始缝纫工作。它们用又长又尖的嘴做针，在叶子边上穿出一个小孔；用找好的蚕丝、植物纤维等做线，在双脚的配合下，穿针引线，树叶

就被巧妙地缝合起来了。令人惊叹的是，缝叶莺还会像人类一样一边缝一边打结，以防脱线。当然，后期工作还在继续，为了防止巢的根基脱落，它们还会用草茎等将根部加固，可谓是天衣无缝。缝叶莺的巢被建造得具有一定的倾斜度，这样能够很好地避免雨水淋湿干燥的巢窝。最后，它们还会在自己的窝里铺一些柔软的东西作为舒适的“睡床”。至此，缝叶莺的爱巢就彻底竣工了，它们就是在这样一个安全、温暖、舒适的环境中养育自己儿女的。

人类虽然是万物之灵，但是在动物界中也存在着许多“能工巧匠”。可能这些“能工巧匠”们不经意间就或多或少地给人们以帮助，使人类不断前进。

“恩将仇报”的杜鹃鸟

杜鹃又称布谷鸟，属于季节性迁徙候鸟。它们有着奇特的生活习性。天气寒冷时它们飞往印度和中南半岛等地过冬，到了春末夏初气候转暖的时候，又集体飞回中国北部、西伯利亚东南部等地繁衍后代。

正值春夏之交，鸟类繁殖的季节，其他鸟儿都在为搭建爱巢而奔波忙碌着，只有杜鹃鸟从来都不会为这些事情操劳烦忧。杜鹃属于巢寄生鸟类，它们从不筑巢哺喂自己的幼鸟，而是让自己的宝宝刚刚出生就过着“寄人篱下”的生活。

杜鹃性怯，常隐匿在多叶的枝干上。繁殖时期，它们的性情则更为孤独。雌雄杜鹃从不终日成对生活，而且，雌杜鹃也不是一个称职的鸟妈妈。它们既不会筑窝孵蛋，又不会养育幼鸟，而是将这一切应尽的职责推给其他“鸟妈妈”代劳。

当雌杜鹃快要产蛋的时候，它们就开始在丛林间飞来飞去，为自己即将出世的宝宝寻觅合适的寄宿住所。一旦发现云雀、画眉等鸟类孵蛋的巢窝，雌杜鹃便趁它们离巢外出时，偷偷将自己的蛋产在巢窝里，然

后把原来巢窝里的蛋踢出。由于杜鹃的蛋同这些鸟类的蛋在形状和颜色上都很相近，云雀、画眉等鸟妈妈回来后并不会察觉自己的宝宝已经被调包了，依旧全心全意地孵化所有的蛋，悉心呵护这些可爱的蛋宝宝。

杜鹃蛋孵化得很快，所以杜鹃的幼鸟也是最先破壳而出的。由于杜鹃幼鸟的外形与声音都与“养父母”所生子女极其相似，所以“养母”依然没有发觉宝宝们的差别，还是辛勤地哺育着它们。然而，杜鹃雏鸟却有一个恶劣的习性，它们不但不感激“养母”，反而将“养母”的宝宝推出巢外，以便独享“养母”的抚育。那些尚需孵化的蛋，有的被撞破了蛋壳影响了正常发育，有的被直接撞出巢外，摔在地上。但是，它们的“养母”依然没有发现这些假宝宝的真实面目。当小杜鹃的羽翼丰满，能自行觅食的时候，它们便毅然决然地飞离“养母”的家，没有丝毫感恩的意识。可见自然界中也存在这种“恩将仇报”的事情。

杜鹃每年平均产蛋 2 个 ~ 10 个，而且每个巢中只产一个。杜鹃借巢孵育的习性，在很大程度上影响了其他鸟类的繁衍。

杜鹃有着尖长、弯曲的嘴，脚细小。它们飞行急速而无声，行动敏捷，主要以昆虫为食，尤喜食毛虫，故为益鸟，因此对庄稼种植有着莫大的功劳。

杜鹃在我国分布甚广，而且种类繁多。它们多数居住在热带、温带地区的树林中。其叫声清脆洪亮，但或多或少会让人感到凄凉、哀怨。因此人们看到诗人笔下的杜鹃鸟暗含着感伤、悲凉的愁绪时也就不足为奇了。

候鸟迁飞之谜

迁徙性鸟类按照季节的变化，不辞辛劳，经过长途跋涉从一个地方迁往另一个地方，可我们并不清楚它们为什么会有这种迁徙的习性，更不知道它们是如何掌握方向的。

大雁属于季节性迁徙鸟类，其外形略似家鹅，嘴宽而厚，啮缘有较钝的栉状突起，群居于水边。雁的故乡在西伯利亚一带。每年秋冬时节，大雁便成群结队地向南迁徙。它们不辞辛劳，长途跋涉到遥远的他乡度过寒冬，然而温暖的处所终归不是久居之地，它们心念故土，于是第二年春天返回西伯利亚地区。

我们把像大雁这样因季节变化而迁飞的鸟类称为候鸟。而因季节差异而选择不同的栖息地的习性称为季节性迁飞。可以说，北雁南飞是鸟类世界里一道特有的风景。

不仅候鸟有迁飞的习性，许多昆虫也有迁飞的现象。如美洲的王蝶、英国大白蝶等等。美洲有一种君主蝶，它们外形美丽，色彩鲜艳，有百蝶之王的美誉。每年秋天，这种蝴蝶便成群地从北美出发，飞越三千多千米的距离到南方过冬。寒冷的季节，它们生活在墨西哥、古巴、巴哈马群岛等温暖的地带，第二年春天，再集体迁飞到北方。它们在途中繁衍后代，老一代死亡，新一代被孵化出来，就这样历代相传地沿着祖辈的路线迁徙飞行。

为什么鸟类和昆虫会有这种迁飞的特性？它们每年又是怎样进行集体迁飞的呢？

科学家们推测，这其中可能包

含两个原因：一是因为冬天北方寒冷，南方气候温暖，适宜生存，候鸟迁往南方可以躲避严寒；二是为了飞往南方寻找充足的食物源。这两种说法一直占据主流地位。但这些说法都曾经让人产生怀疑，比如，为什么还有很多鸟类不选择迁飞觅食呢？南部地区有适宜的温度、充足的阳光，为什么候鸟不长期生活在那里，反而要跋山涉水地飞回北方呢？这些问题都有待于科学家的分析和解答。

针对鸟类定向飞行的疑惑，科学家进行了艰苦的探索。有人觉得鸟类是依靠视觉定向的，不过视觉定向对于短距离飞行虽然适用，但对于长距离飞行就不起作用了；又有人认为鸟类是根据太阳的位置来定向的，如果是这样，那太阳因位置移动而产生的那部分时差，鸟类又是怎样调整的呢？因此，科学家认为，候鸟体内可能有一种能够精确计算太阳移位的生物钟存在。这个生物钟能帮助它们对白天的时间进行校对。可是这种说法怎么解释鸟类在夜晚的飞行呢？因为在夜晚是没有太阳的。于是，就有人提出星星定向的推测。可是没有星星的夜晚，它们仍旧照飞不误，这样星星定向的推测也被排除了。接着科学家又逐一分析了各种可能，像地球的磁场、偏振光、气压、气味等是否与候鸟的定向有关呢？

现在，科学家已经初步确认，蝴蝶的季节迁飞是遗传因素作用的结果，但自然界多种鸟类和昆虫季节性迁飞的谜仍没有完全解开。

“逃避现实”的鸵鸟

一直以来，人们在形容一个人逃避现实时，总喜欢用鸵鸟来比喻。这是为什么呢？其实，这是人们对鸵鸟的一种误解，鸵鸟只是将脖子贴在地面上，更不是逃避现实，它把头贴近地面是一种自我保护意识的体现。

曾经有一个饲养鸵鸟多年的牧场工人说，鸵鸟从不把头埋在沙里，只是有时把脖子平贴在地面。其实，鸵鸟将脖子贴在地面是有一定作用的：一是能听到远处的声音，迅速避开危险；一是能够放松一下肌肉，可以缓解疲劳；三是进行伪装，鸵鸟的羽毛是暗褐色的，当羽毛卷曲起来时，很像岩石或灌木，这样就很难被敌手发现。

鸵鸟虽是鸟但却不会飞。这是因为鸟类飞行时耗费的体能很大，能飞行的鸟一般身体比较轻盈，而且翅膀也很有力。为了适应荒漠平原的生活，鸵鸟在进化的过程中逐渐失去了飞行能力。虽然不能飞翔，但鸵鸟奔跑的时速却是最高的，大约是 72 千米/小时，因此鸵鸟堪称世界上跑得最快的鸟。鸵鸟的腿粗壮有力，一般长 1.3 米左右。鸵鸟只有两个向前伸的脚趾，脚趾下面有很厚的肉垫，这种带肉垫的脚趾是其他鸟类

所没有的。这样的结构，使鸵鸟能在热带沙漠里尽情奔跑，却不会被热沙烫伤。

鸵鸟浑身是宝。鸵鸟肉是宴会上的一道名菜，它的肉脂肪含量低而且热量也很低，但却很有营养。鸵鸟肉与牛肉味道相似，非常鲜嫩，西方人很喜欢吃；鸵鸟的羽毛也是一宝，它可以放到高档服饰上，是最好的装饰材料之一。鸵鸟长到9个月后，每年可从它身上取两次毛。鸵鸟毛的售价在西方市场上一路狂升，而且人们认为其质地比孔雀毛还好；同时由于鸵鸟皮高雅、坚韧的特性，鸵鸟皮的价格也不菲，甚至有超过其羽毛之势；鸵鸟蛋味道鲜美、营养丰富，而且在现存鸟类蛋中，鸵鸟蛋是最大的，因此，极具收藏价值。现在甚至有科学家利用鸵鸟蛋来研究人类问题。人类的祖先曾用鸵鸟蛋壳作盛水的容器。现在这些曾作为容器的蛋壳被人们发现了，科学家们根据蛋壳中的碳同位素的衰减率来推算当时人类所处的年代。

在沙漠这样的恶劣环境中，鸵鸟能够顽强地生活下来是很不容易的，它不但要躲避天敌还要防御自然灾难，像沙暴、移动沙丘等。因此鸵鸟一旦受惊或发现敌情，就迅速将脖子平贴在地面上，好像埋进沙子里一样。鸵鸟这么做，实际上是自我保护。

鸵鸟并非是胆小而逃避现实的鸟，一直以来人们都误解了鸵鸟。其实大自然的奥秘正在于此，需要我们不断地探索，才能越来越接近事实。

“森林医生”啄木鸟

啄木鸟是人类的朋友，更是树木的好朋友，人们都称啄木鸟为“森林医生”。啄木鸟可以说是最称职的“医生”，它每天忙忙碌碌，东敲敲，西敲敲，让那些害虫无处藏身。

啄木鸟主要以一些害虫为食物。它能把藏在树干中的害虫掏出来吃掉，这些害虫有时能把树活活地咬死。啄木鸟的长嘴就像医生的听诊器一样，它用这个又硬又尖的长嘴敲击树干时，发出各种声音。这些声音能准确地反映出害虫躲藏的位置。知道了害虫在哪以后，啄木鸟就用嘴先啄开树皮。它的利嘴像凿子一样在树上凿个洞，然后插进害虫的巢内。啄木鸟还有神奇的舌头，这舌头又长又细，有 14 厘米长。啄木鸟的舌根上有两根能伸缩的筋，舌尖上还长着许多肉倒刺，而且它的舌尖能分泌黏液。因此，啄木鸟总是可以准确无误地钩出隐藏得很深的害虫，甚至是幼虫和虫卵。

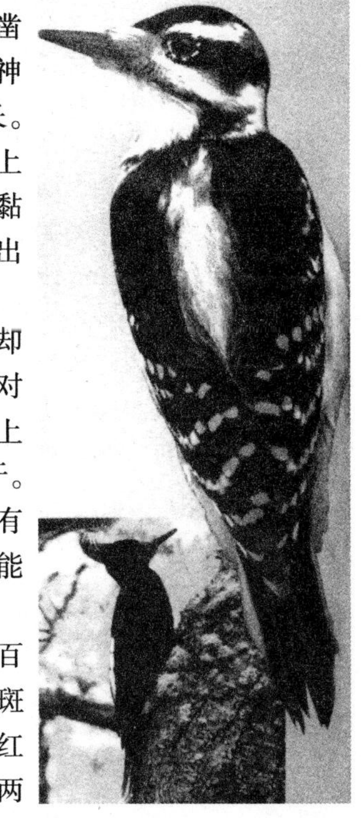

一般的鸟都是站在树枝上，而啄木鸟却是紧抓在树干上。原来，啄木鸟的四趾是对称分布的，有两个向前，两个向后，趾尖上的钩爪非常锐利，使它能牢牢地抓住树干。它的尾巴是支撑身子的支柱，羽轴硬而且有弹性。这样，啄木鸟不仅能抓住树干，还能够沿着树干快速移动。

现在，全世界发现的啄木鸟大约有一百八十种，有红头啄木鸟、橡树啄木鸟、大斑啄木鸟、黑啄木鸟、黑背二趾啄木鸟、绯红背啄木鸟等等。除澳大利亚和新几内亚这两

地，啄木鸟的足迹几乎遍布全世界，其中南美洲和东南亚的数量最多。每天，一只啄木鸟大约能除掉一千多只害虫。据估计，在上千亩的树林里，只要有4只啄木鸟，就差不多能够控制害虫的蔓延。

美国科学家菲力普·梅依利用特制的电影摄影机惊奇地发现，啄木鸟找虫吃的时候，速度极快，几乎是空气中的音速的1.4倍。其头部摇动的速度也是非常快的，可能都高于子弹出膛的速度。那么这样看来，啄木鸟在啄木时，头部受到的冲击力是非常大的，几乎是其重力的一千倍。如此快的速度，树干当然会很容易被凿穿。但有人提出这样一个问题：在这样强烈而长久的震动下，啄木鸟为什么不会得脑震荡呢？

后来有科学家对啄木鸟的头部进行解剖，他们发现啄木鸟的头部有一套防震装置，能够保护啄木鸟。啄木鸟的头颅虽然很坚硬，但骨质却很疏松，而且里面充满气体，像海绵一样。在它的颅壳内外脑膜与脑髓间有一狭窄的空隙，这个空隙能够使震波的传导变弱。从头部的横切面上可以看出它的脑组织是很细密的，而且啄木鸟头部两侧还有防震的肌肉系统。啄木鸟啄树的时候，头部保持直线运动。这样，就不难理解为什么啄木鸟啄树时不得脑震荡了。后来科学家从中获得启示，制成了防震头盔。

现在有科学家提出，并不是所有的啄木鸟都吃害虫，有些啄木鸟不喜欢吃害虫，倒喜欢吃树上的果实；有些啄木鸟则喜欢在树干上啄一些小洞，它啄洞并不是为了捉害虫，而是要吸食树的汁液，这严重损害了树的健康。这样看来，啄木鸟也是有善恶之分的。

泰卡鸡

随着人类过多地开采自然资源和破坏自然环境，鸟类的生存环境在逐渐缩小。很多鸟因为人类的干涉而灭绝，美丽的泰卡鸡就曾名列其中。1952 年，绝迹了五十多年的世界珍贵鸟禽——泰卡鸡在新西兰重新被发现。

泰卡鸡身高 50 厘米～60 厘米，重 3 千克～4 千克，长着一身五颜六色的美丽羽毛。它的头和胸部呈深蓝色，背部为翡翠绿，喙、眼圈、颈、腿和爪都是鲜红色的。泰卡鸡长着一对一米多长的翅膀，但不会飞翔，只会奔跑。而泰卡鸡美丽的羽毛和鲜嫩的肉质给自己带来了杀身之祸。

据记载，1769 年之前，在新西兰的南岛上，生活着大量的泰卡鸡，但随着殖民者的蜂拥而入，成批的泰卡鸡惨遭杀戮。到了 19 世纪末，

人们就再也没有见到它们的足迹了。1952年，新西兰的动物专家奥贝尔博士在当年发现泰卡鸡的地方搭建了一间简陋的小木屋，日夜观察四周的动静。一天，一阵清脆的鸣叫声突然传入他的耳中。奥贝尔惊喜万分，一路循声找去，终于在远处一堆隐蔽的草丛中，找到了正在孵蛋的泰卡鸡。过了一会儿，一窝小泰卡鸡便破壳而出。刚孵化的小泰卡鸡全身乌黑，活像小乌鸦。经过一段时间的精心喂养，它们的羽毛才逐渐变得艳丽起来，变得和父母一模一样。至此，泰卡鸡再次回到了人们的身边。

朱 鹮

朱鹮是人类的朋友，它们和人类一样有在地球上生存的权利。但是人们对自然资源的不断开发破坏了它们的生存家园。我国越来越重视对鸟类的保护，在人们的共同努力下，这种美丽的鸟又重新自由地翱翔在天空。

朱鹮属于国家级保护动物，它属于鹮科，全长 79 厘米左右，体重约 1.8 千克。嘴细长而末端下弯，长约 18 厘米，黑褐色具红斑。其腿长约 9 厘米，呈朱红色，雌雄羽色相近，体羽白色，羽基微染粉红色。后枕部有长的柳叶形羽冠，额至面颊部皮肤裸露，呈鲜红色，初级飞羽基部粉红色较浓。

朱鹮是稀世珍禽，主要生活在我国陕西省洋县秦岭南麓。过去它广泛分布在中国东部、日本、俄罗斯、朝鲜等地，但由于环境恶化等因素

导致其种群数量急剧下降，到 20 世纪 70 年代野外朱鹮已难觅踪影。

我国在对朱鹮的保护和科学研究等方面做了大量工作，并取得了显著成果。1981 年 5 月，鸟类学家发现了朱鹮鸟种群，这也是世界上仅存的种群，且于 1989 年成功进行人工孵化。这给此物种的发展带来了希望。

担任空中警卫的游隼

飞机在飞行过程中需要驾驶员的精神高度集中，即使这样也会出现许多突发状况，一只小鸟就有可能成为航空事故的罪魁祸首。为了避免机毁人亡的惨剧发生，保证航空线路的安全，机场上空“巡逻员”的角色就交给了凶猛的鸟类——游隼。

游隼是一种凶猛的鸟类。其雄鸟体长约四十厘米，上体主要为灰蓝色，下体色白而缀有黑斑。它飞行迅速，俯冲时速度可达280千米/小时。游隼善捕食野鸭，故亦称“鸭虎”，属于国家二级保护动物。为确保航空安全，美国机场租用游隼充当航空“巡逻警察”。

在经过艰苦的训练之后，游隼便开始正式上岗执行巡逻任务。当一群笑鸥出现在机场附近时，一只游隼立即被放出去执行任务。在英姿飒爽的游隼翱翔于蔚蓝的天际之时，那群笑鸥早已被吓得四处逃散了。游隼完成了任务，光荣凯旋，一只冻鹌鹑便是对它出色完成任务的奖赏。游隼因凶猛、敏捷而成为许多鸟的克星。相信有了它的尽职尽责，航空飞行的突发事故将在很大程度上得到降低。

鸳鸯果真“忠贞不渝”吗

一直以来，鸳鸯都是人们眼中忠贞不渝的痴情者，成为文人墨客笔下爱情的化身。唐诗中有“得成比目何辞死，只羡鸳鸯不羡仙”。宋词有“双鸳池沼水溶溶”。民国时期鸳鸯还曾成为言情小说的代称，古往今来，鸳鸯早已成为真挚爱情的象征。

其实，鸳鸯就是一种小型野鸭。它们一般在树洞里栖息。它们最喜欢在水中玩耍、戏水，到陆地上寻找食物。

中国一直是鸳鸯的主要栖息地，每年3月底到4月初，鸳鸯会向北飞到东北和内蒙古等地繁殖。过5~6个月，它们又向南飞到华东、华南等地过冬。但也有少数鸳鸯并不来回迁徙。

一般时候，鸳鸯都将巢筑在天然树洞中，在洞中进行孵化，孵化期大约为一个月。当幼雏刚孵化出来时，它们全身的绒羽呈黄褐色或乳黄色。幼雏的大小很像雏鸡，而且小鸳鸯长得很快，出生后不久就能随母亲出去觅食。到了深秋，小鸳鸯就能和妈妈一起长途跋涉到南方过冬。

鸳鸯属杂食动物。小鱼、小虾和昆虫等动物，以及稻谷、野果、草籽等植物都可以作为它们的食物。

人们之所以喜欢鸳鸯，也许是因为它们的美丽，尤其是雄鸳鸯。雄鸳鸯头上的羽冠呈红色或蓝绿色，眉纹有白色，身体上从喉部到颈部、胸部，颜色则由金黄变成紫色，再变成蓝色，两侧黑白交错，鲜红的嘴、鲜黄的脚、两片橙黄色的翅膀还带有黑边，翅膀向上一弯，就像一把打开的扇子，堪称一绝。相比之下雌鸳鸯则显得朴实无华。它们身上的羽毛是深褐色的。

中国最著名的鸳鸯繁殖地是吉林省长白山山麓的头道白河，这里被称为“鸳鸯河”。白天鸳鸯在水中嬉戏，晚上就在树丛下过夜。黎明时分，鸳鸯就在岸边的芦苇和灌木丛中玩耍，形影相随，并不时发出欢快的叫声。

鸳鸯是“忠贞不渝”的吗？经过多年的考察，有人发现，鸳鸯其实并不是像人们认为的那样彼此“忠贞不渝”，但是在交配期间，雌雄鸳鸯确实是非常恩爱的。不过，在交配以后，雄鸳鸯就会抛弃雌鸳鸯，不再露面。雌鸳鸯从此只好独自孵化和抚育后代。这样看来，鸳鸯并不是忠贞不渝的。

被雄鸳鸯抛弃后，雌鸳鸯便会独自“装修”自己的巢穴，并在巢中产卵、孵化。一个月后小鸳鸯就会破壳而出，刚出生两个小时的小鸳鸯就能活动了。第二天，它们就能走进水中，在鸳鸯妈妈的带领下，在河湖中漫游。

让人惊奇的几维鸟

几维鸟虽然是鸟类，却长得不像鸟，它很善走但不能飞行。几维鸟也是鸟类中最离群索居的一种，它们的外形奇特，和母鸡差不多大小，但其产下的蛋却非常大，远远大于鸡蛋，对此人们百思不得其解。

几维鸟又被称为“无翼鸟”。这是因为几维鸟的翅膀很小，几乎没有。遇到危险时，它会借助其健壮有力的腿逃跑。几维鸟有一张长嘴，它的嘴用途很大，在休息时，这张嘴可以当作第三条腿来支持身体的平衡。它的鼻孔长在嘴前，不同于其他的鸟类。它在鸣叫时发出“几维、几维”的声音，所以人们都叫它几维鸟。

几维鸟的生活习性有点像猫头鹰，它白天休息，夜里出来觅食。几维鸟多以蠕虫、蚯蚓、蜥蜴、老鼠和贝类等为食，而且它的食量非常大，一次能吃进几十条蚯蚓。几维鸟还有一个特殊的本领：它能从海里捉鱼吃，甚至能从树洞里拖出兔子。而且几维鸟不怕人，它常会闯进屋子里，怎么也赶不走，你若不注意，它就把屋里的叉、匙等小物件拖走了。

几维鸟产蛋很少，每年只产2枚~3枚蛋，虽然数量很少，但却个个是精品，每枚几维鸟蛋大约重四百克，差不多是它们自身重量的1/4；

几维鸟蛋约有十三厘米长，而它自身的长度一般也不过四十五厘米左右。人们不禁惊叹小小的几维鸟居然能产下如此“巨大”的蛋！有科学家认为这是自然进化的结果：大蛋有利于几维鸟日后的成长。几维鸟蛋中的蛋黄是给幼雏准备的食物，幼雏出壳后就依靠蛋黄维持生命，蛋黄的重量大约占整个鸟蛋的61%。但即使是这样，蛋黄还是不能满足雏鸟的营养需求，因此雏鸟生长一段时间就会变瘦了。再过大约十八天，雏鸟就开始自己出去找食吃。科学家们认为几维鸟的雏鸟对营养的需求量非常大，因此只有营养丰富的大蛋，才能让它有机会存活下来。

但还有一些科学家认为，几维鸟蛋实际上并不是很大，它只是显得很大。几维鸟以前是很大的，后来在长期进化过程中鸟体本身缩小了。有生物学家研究发现，几维鸟的祖先是平胸鸟类，这类鸟的体形非常巨大，和鸵形目、鹤鸵目等鸟类生活在一起。后来，自然条件的改变使它的身体发生了变化，而鸟蛋的尺寸却保持原样，因此，几维鸟蛋就与几维鸟不相衬了。

有关几维鸟蛋巨大的原因，一直都未有合理的解释，相信有一天科学家终会找到答案。

鸭子为什么不怕冷

已是入冬时节，在寒冷的水面上，鸭子仍然欢快地在水里游着，难道它们感觉不到寒冷吗？有人对鸭子做过一个实验，发现鸭子在零下十几度的低温状态下仍能正常生活。科学家们经过研究发现，鸭子体内有着不一样的构造和生理功能。

鸭子与其他家禽不一样，它们没有汗腺，但在它们的皮肤中却有肥厚的脂肪层，而且这是最好的冷绝缘层。这样一来，它们就有了天然的“保温设备”。

鸭子身上的羽毛也具有很好的保温功能。有了这层羽毛的保护，外界冷气无法侵入，而且在羽毛里面还有一层保温性很好的贴身绒毛。这层绒羽非常松软，是最好的防寒佳品。在鸭尾巴上，还有非常发达的皮脂腺。皮脂腺分泌出许多油脂，能帮助鸭子御寒。在羽毛上涂抹这种油脂后，羽毛就非常干燥，而且不沾水、不变形。

鸭子的体温一般在40℃左右，并且其心脏和血管系统发育良好。在鸭子的血液中含有较多的红细胞，红细胞内有相当丰富的血红素。因为鸭子的血红素很难与氧发生反应，因此细胞组织中的氧含量很少，这样就加强了呼吸、循环系统的机能。而且鸭子呼吸很快，心跳也非常频繁，每分钟达250次。鸭子的新陈代谢也很快，这样它就能产生大量体热，从而保证了自身不怕寒冷。这样，鸭子对严寒就毫不畏惧了。

另外，科学家发现，鸭子和

某些禽类的足部一样，都有一套奇妙的动、静脉网。动脉网血管和静脉网血管是紧紧地交织在一起的，这样就形成一张网。当这张网中有温度较高的动脉血流过时，就发生了热交换，一部分热量从动脉血传到了静脉血，这部分热量随着静脉血进入体内，剩下的热量用来维持足部的温度。这套精巧的系统保持了鸭子的体内热量，使鸭子的体温恒定，不会被冻伤。鸭子之所以会具备这样多的耐寒特性，也是它们为适应环境而逐渐形成的。现在鸭子的羽毛被广泛应用到生活中，用来防寒保暖，很受人们的欢迎。

两栖动物

在美丽的夜空下，晚风徐徐，远处的稻田传来清亮的蛙鸣，这些“可爱的歌唱家”是两栖动物的代表。现在就让我一起走进它们的世界，来探索其中的奥秘吧。

两栖动物的典型代表——蛙和蟾蜍

两栖动物顾名思义就是指那些既可以在水中生活，又可以在陆地上生活的动物。它们幼时生活在水中，用腮呼吸，长大后可以生活在陆地上，用肺和皮肤呼吸，而且体温会随着气温的高低而改变。

蛙和蟾蜍的数量大约占所有两栖动物总数的90%。它们身体短小，后腿有力，而且没有尾巴。蛙是一个跳跃天才，它们通常跳跃前进，并且跳得很高。蟾蜍一般是爬行前进，大多数生活在陆地上。

蛙的身形十分适合跳跃，后腿长而有力，能跳得很高；前腿较短，在落地时起到缓冲作用。

雄性蛙和蟾蜍一般以“优美的歌声”来吸引异性。它们的“曲调”也各不相同，有的呱呱地叫，有的吱吱地叫，有的甚至发出啸叫声，还有的鼓起喉囊，令叫声更响亮。

树蛙的一生基本上是在树上度过的。树蛙细长的脚趾上有趾垫，具有吸盘功能。雌树蛙将卵产在悬垂在池塘边的大树叶上，蝌蚪孵出以后，便会掉入水中，长成成体后再爬上树。

蟾蜍俗称“癞蛤蟆”，但其实它们一点也不癞。蟾蜍捉虫子的速度非常快，其本领比青蛙还要高，称得上是“百发百中”。有人统计过，一只蟾蜍在3个月里能够吃掉一万多只害虫。

牛蛙是北美洲最大的蛙类，它们常常生活在湖泊和长满水草的浅滩上。牛蛙的食物种类很多，只要是它能吞得下，就绝不会放过。它们主要在夜间捕食鱼、小型乌龟、老鼠，甚至小鸟。

在亚洲和中美洲，生活着一些长有宽大蹼足的蛙，蹼足完全伸展后可以使蛙从一棵树上飞到另一棵树上，以逃避敌人，这一跳可达 15 米以上。

绿蟾身上布满了块状的亮绿色图案，其余部分则呈淡褐色，它看上去就像穿了一种迷彩服，这身“迷彩服”能在它们活动时起到很好的伪装效果。在气候温暖的地方，绿蟾常常会居住在房屋附近，有时会聚在灯下捕食喜光的昆虫。

角蛙长着一张宽大的嘴巴和两只向外突出的眼睛，眼睛上方长了一个角状突起，用来保护眼睛。角蛙经常将自己埋在泥土中，瞪着两只大眼睛，安静地等待猎物闯入自己的视线。一旦发现目标，它便迅速跳出泥土，将猎物一口吞下。

欧洲黄条蟾总是生活在近海的沙质地区。黄条蟾的背上有一条鲜明的黄色条纹，非常容易辨认。它们的叫声像一台轰鸣的机器，异常响亮。虽然它们每次鸣叫只持续几秒钟，但在2 000米以外的地方都能听到。

雌产婆蟾蜍产下串卵后，雄产婆蟾蜍便会把它们缠在自己的后腿和背上，以此来保护卵的安全。雄产婆蟾蜍还经常把卵放入水中，使它们保持湿润。在卵孵化之前，雄产婆蟾蜍会一直保护着它们。

青蛙的奥秘

青蛙主要以蛾、蝗虫等农业害虫为食，因此它被人们誉为“庄稼的保护者”。青蛙之所以能捕捉到飞虫，是因为它的舌头起到了重要作用。青蛙的下颌的前端连着舌根，舌尖处分叉。所以几乎没任何小虫能在它的舌头下逃脱。

青蛙的种类繁多。比较常见的是黑斑蛙，它的体长可达8厘米；背部长有黑绿色的斑纹，腹部则非常白，像雪一样，皮肤细嫩光滑；它的眼睛长在头顶的两侧，圆而突出，对活动的虫子极为敏感。

青蛙依靠肺和湿润的皮肤从空气中吸取氧气。如果空气的温度、湿度发生变化，它皮肤里的色素细胞也会随之扩散或收缩，从而促使它肤色发生深浅变化。因此，善于观察的人们总是根据青蛙肤色的变化来预测天气。

青蛙有很多药用价值。吉林省有一种青蛙叫哈士蟆，用哈士蟆的输卵管，可以做成哈士蟆油，是一种非常好的补品，深受人们喜爱。

一般的青蛙都不带毒，但也有一些青蛙是含毒的。有毒的青蛙多半身体颜色鲜艳，这对以青蛙为食的动物来说是一种警告色。动物会避开毒蛙，以免中毒。

神奇的有尾两栖动物

两栖类动物中有一些很奇特的动物，它们有尾有足，而且身体上有许多艳丽的颜色，或像鸡冠状的突起。这类两栖动物叫作有尾两栖动物。它们有的在水中生活，有的在陆地上生活，蝾螈、大鲵等就是这类有尾两栖类动物中的佼佼者。

有尾两栖动物现存约三百六十多种，它们有的住在陆地的潮湿地带，在水中产卵；有的一生都离不开水。有尾两栖动物的生存能力很强，甚至失去一只眼睛或腿，也能继续生存。

蝾螈科属于有尾目的一科。虎纹真螈是现存陆地上最长的有尾两栖动物，体长可达0.4米。虎纹真螈生活在北美洲潮湿的平原、草地或山林中，到晚上才出来捕食蚯蚓和蜗牛。

幼体红蝾螈，其身体是鲜红色的，但随着年龄的增长，颜色会逐渐变暗。红蝾螈没有肺，幼时主要依靠外鳃呼吸。

蝾螈的头部扁平，皮肤光滑，上面长着许多小突起，四肢纤弱细小，趾间没有蹼，并且长有尾巴。它们生活在丘陵、沼泽地、池塘或稻田及其附近。蝾螈爬行缓慢，很会游泳，常在水底捕食蚯蚓、软体动物、昆虫幼虫等，它们主要分布在亚洲东部地区。

大鲵属有尾目隐鳃鲵科，它是有尾目中体形最大的动物。大鲵也是

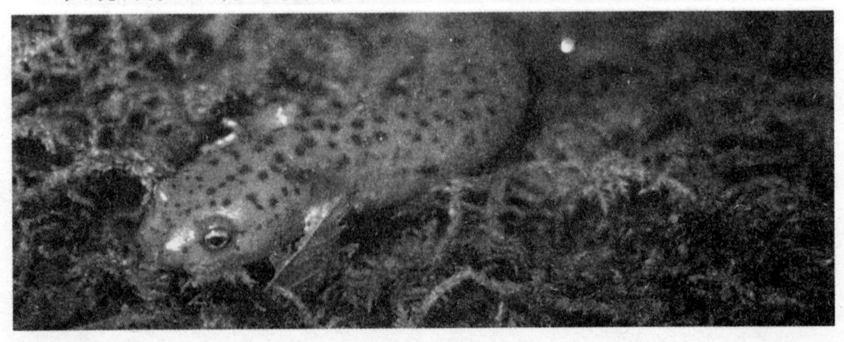

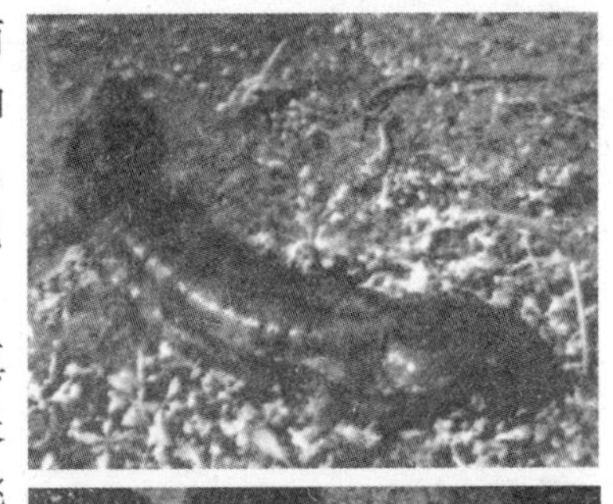

世界上最大的两栖动物，生活在湍急而清澈的溪水中，主要捕食昆虫、青蛙和鱼类。由于环境的威胁和人类的食用，目前，大鲵的数量已经非常稀少了，已成为一种濒临灭绝的动物。

欧瘰螈属于小型或中等大小的真螈。在繁殖季节，雄欧瘰螈的背部会长出一个锯齿状的背饰。雄性欧瘰螈会跳一种美丽的舞蹈来吸引同类雌性。

火蝾螈总是生活在陆地上。它们色彩艳丽，身上的黄色和黑色图案是对捕食者的警告，火蝾螈大都生活在森林或其他潮湿地区，通常在夜里才出来活动，在陆地上交配。雌性火蝾螈将幼螈产在水里。

土鳗是一种较为特殊的有尾两栖动物。土鳗的一生都是在沼泽和溪流中度过的。土鳗长着鳃，眼睛很小，没有眼皮，只长着很短的前腿，没有后腿。

爬行动物

爬行动物用各种方式保护着自身的安全。龟类穿着一层厚厚的“防弹衣”，蜥蜴有着惊人的“变色衣”。这些特别的防身术，无不吸引着人们前去了解。

“为爱而战”的象龟

象龟是外形庞大的动物，但它们并不以此欺凌弱小，反而是性情温顺的“和平使者”。只有当它在捍卫自己的“爱情”时才表现出凶猛执着的一面。它们会像中世纪的骑士那样，为了伴侣而决斗，也许这样的行为在动物界中也是少有的吧！

象龟主要生活在太平洋赤道附近的加拉帕戈斯群岛上以及印度洋的塞舌尔群岛等地。它们因为长着如同象脚一样粗壮可爱的四肢，故因此而得名。

在神话传说中，龟常常被看作是一种几乎永远不死的神奇动物，同时也是吉祥益寿的象征。科学研究表明：龟的确是动物界中最长寿的。一般情况下龟的寿命在三百岁左右，而象龟的寿命则在300岁~400岁之间。由此可见，象龟无疑称得上是动物界中的老寿星了。

作为“寿星老”的象龟有着庞大的身形，仅次于有“龟中之王”美称的棱皮龟。它伏在地上的时候高达0.5米，当它四脚挺立时可以高达0.8米。象龟的甲壳基本上都是1.5米长，而最大的象龟的甲壳可达到2米长，体重达375千克。象龟如此庞大的身躯，真没有其他龟能比得上，因此被人们称为“陆栖龟中的王者”。

那么，人们不禁会觉得奇怪，象龟该怎样填饱它们的肚子呢？科学家们经过观察发现：象龟一般都以青草、野果和仙人掌为食物，它们每天大约要消耗十千克的食物。象龟的胃非常神奇，它不仅能将如此多的食物消化掉，还能消化有毒的植物。在加拉帕戈斯群岛上生长着一种结有苹果状果实的怪树，这种树的果实含有剧毒，树汁会把人的皮肤

灼伤。而象龟偶尔也会以这种怪树的果实为食，而且它们吃下去后仍然安然无恙。

奇怪的是，象龟不挑吃，却很挑喝，这些生活在海岛上的动物对水反而很挑剔，它们不喝海水，只以淡水为生。在海岛上淡水可是非常稀有珍贵的，可象龟却有超常的本领能够找到淡水源。因此有经验的旅行家常常跟随它们的踪迹去寻找淡水，并称它们为“引水龟”。

象龟也有找不到食物或者找不到淡水的时候，遇到这种情况，它们该怎么办呢？象龟自有解决的办法，那就是储藏食物和水。当然，象龟不可能像人类那样建造出一个地窖来做储藏之用，那么，它们该如何储藏食物和淡水呢？很简单，食物和淡水就藏在它们身上。

象龟有一个坚硬异常的外壳，硬壳不仅可以保护身躯的安全，还可以储存能量。每当食物充足时，象龟便吃下大量的东西，一部分用来补充自身的能量，剩下的则储藏在硬壳里。一旦找不到食物，就以此为食，就像骆驼将食物储藏在驼峰里一样。而淡水，象龟则把它储存在颈部。若遇到足够的淡水，象龟就会尽情地喝个饱，然后将一部分淡水储存起来。一旦遇到找不到淡水源的时候，它们就以肉质仙人掌中所含的水分来解渴，而它们颈中所储存的水只有到实在找不到水时用来维持生命。

虽然象龟个头庞大，而且力大无比，但它们却并不因此而恃强凌弱，反而性情非常温和。象龟会非常温顺地让小鸟来消灭自己身上的寄

生虫。有时候，它们还会成为人们驮运从大海里捕捞上来的各类海鲜的运输工具。而当人们每次欢度佳节的时候，象龟还会被邀请加入人们狂欢的队伍，并成为节目演出中的一员。人们让象龟集成一群，并在它们的甲背上铺一块大木板，由此搭建成一个宽大的舞台，在上边欢歌热舞。但是若在演出过程中有哪只象龟想要离开的话，演出就不得不由于缺少舞台而中止了。

虽然象龟很温顺，但它们对于爱情却很执着勇敢。每到繁殖的季节，雄龟就开始在群岛上凭借灵敏的嗅觉寻觅配偶。一旦发现中意的雌龟，它就会毫不犹豫地向“意中人”走过去。如果这时有另一只雄龟也中意那只雌龟，先前那只雄龟便会马上截住另一只雄龟，并与对方进行决斗。但象龟既没有牙齿，硬壳又太笨重，所以它们在决斗时所使用的武器就只是颈部与头部。两只“为爱执着”的雄龟在相互打量片刻之后，便把头部扭在一起，喘着粗气将脖子使劲往后拉。不过这种决斗一般都是虚张声势，生性爱好和平的象龟并非真的要为爱情拼个你死我活，而是“点到为止”，所有的动作都只是试图以凶狠的表情来吓倒对方，让对手知难而退。

决斗一般都会很快结束，只要一方承认战败，胜利者也就马上罢手停战，然后慢慢地向雌龟走去。通过这种文明的“战争”，象龟通常都能找到自己的“亲密爱人”。

爬行动物中的“杀手”——鳄鱼

平静的河面上有两个小突起在移动，一般不会引起人们的注意，但千万不要小视它们，很有可能小突起的下面就是“冷血杀手”——鳄鱼，它们是现存最大的爬行动物。它们身披鳞甲，力量巨大，可谓是“湿地之王”。

鳄鱼是世界上最大且最危险的爬行动物。它们常常潜伏在水中或泥塘边等待猎物的到来。鳄鱼大都生活在热带和少数温带地区，白天在太阳底下取暖，夜晚则回到温暖的水里。

鳄鱼的“防水设备”很独特：嘴巴和喉咙被一种覆盖在颚上的骨质皱襞隔开，耳孔里的鼓膜紧闭起来，鼻孔内的活门自动关闭，眼睛上还覆盖着一层透明的眼睑，形成了一层很好的保护膜。

鳄鱼的眼睛长在头部较高的位置，它们潜伏在水中的时候，只露出一双眼睛来观察周围的动静。鳄鱼的眼睛能够看到三维物体，在眼睛后方还有一个膜，可以使更多的光线反射进来，所以鳄鱼的夜视能力非常好。

鳄鱼隐藏在水里的时候，看起来像一截枯木或一块岩石，这样有利

于猎物自投罗网。鳄鱼往往选择隐藏在河岸边、水塘边、斜坡上……总之是猎物容易滑倒的地方来进行捕猎。

鳄鱼肾脏的排泄功能很差，体内的盐分必须靠开口位于眼睛附近的盐腺来排泄。鳄鱼吞食的时候，嘴巴张大便会压挤盐腺，流出“泪”来。

尼罗河鳄鱼严格地按年龄和性别组成不同的团体共同生活在一起。在一个群体中，往往是由体形最大的雄鳄鱼或攻击性比较强的鳄鱼掌握着领导权。

尼罗河鳄鱼主要生活在湖泊和河流中。它们以偷袭捕食那些下河饮水的动物为主，将猎物拖入水里，使其溺水而亡。尼罗河鳄鱼的求偶表演是很精彩的，雄鳄会守护着一段河岸，大声吼叫着，严禁其他鳄鱼闯入。当雌鳄被其吸引而游向这边时，雄鳄便兴奋地摆动身体，将水从鼻孔内射向天空。

湾鳄是极其危险的动物，体重可达 1 000 千克，体长一般为六七米，最长可达 10 米，真可谓是“鳄中之王”。由于湾鳄生活在海水中，所以又被称为“咸水鳄”。湾鳄生性凶猛，并且会随着年龄的增长而变得更加凶猛。

扬子鳄是中国的特产，它们也是我国境内唯一的鳄类爬行动物，属于国家一级保护动物。在所有的鳄种类中，只有扬子鳄和美洲的密西鳄生活在温带地区，所以到了寒冬，它们必须跑到地下洞穴进行蛰伏。

扬子鳄的洞穴非常复杂。四周布满了逃生用的洞口，而且都隐藏在

草丛中，穴道纵横交错。洞内有很多小室：有冬眠时的卧室，有平时的休息室，还有可供它们洗澡用的水潭等。

恒河鳄生活在印度北部的江河里，嘴巴又长又窄，牙齿异常尖锐，有利于捕鱼。它们主要的食物就是鱼。恒河鳄从不侵害人类，但是会吃漂浮在恒河上的死尸。

美洲短吻鳄是西半球最大的爬行动物。它们一般生活在有河流的沼泽地里，捕食一切可以制服的动物。每到夏天，洼地里就会积满水，从而成为鳄鱼们嬉戏打闹的乐园，于是，当地人称这些洼地为“鳄鱼洞”。冬天一到，短吻鳄们就会选择较浅的洞穴进行冬眠，洞内温度有时只有0℃左右。

分布最广的爬行动物——蜥蜴

在荒凉的沙漠里，在温暖潮湿的雨林中，我们都可以看到蜥蜴的身影，它们在与自然环境抗争着，坚强而自由地生活着。在这些环境中，蜥蜴学会了自己独有的生存技能，并且一代代传承下去。

蜥蜴是世界上分布最广的爬行动物。蜥蜴的种类非常多，它们擅长奔跑、攀缘、掘洞和游泳，有的甚至还能飞行。

科莫多巨蜥是世界上最大的蜥蜴，它们生性残忍，专吃腐肉和动物尸体。巨蜥的体积非常大，它们大都生活在山区的溪流附近或沿海河口一带。巨蜥很擅长游泳，经常在水中捕食鱼类，它们甚至还可以攀附在矮树上觅食。它们长着强劲的四肢和分叉的长舌头，可以分辨出活的猎物和死尸的气味。科莫多巨蜥的牙齿间含有一些毒素，这些毒素可以加快猎物的死亡。

沙漠蜥主要生活在海湾沙漠之中，它们主要以蚂蚁为食，浑身覆盖着刺和脊突。沙漠蜥蜴利用多刺的、锋利的甲穗上的覆盖物收集露水。收集到的露水在甲穗上凝结起来，然后慢慢流入口中。

海鬣蜥是世界上唯一一种在海洋中生活的蜥蜴。它们大多数栖息在加拉帕戈斯群岛附近的海域里，以海滩附近的海草为食。海鬣蜥头部较钝，下颌宽大，尾巴扁平，可以充当船桨来划水。

鳄蜥是中国的特产。它们生活在海拔600米~1 000米高林木茂密的山区。鳄蜥白天栖息在山溪或水塘上方的树枝上，傍晚时分才开始行动。它们捕食昆虫、蝌蚪、蛙、小鱼和蠕虫等。

鬣蜥属于一种较大的食草蜥蜴。它们喜欢在树上晒太阳，全身覆盖着绿色的齿状鳞片，这是它们的天然伪装。一旦遇到危险，它们会立刻从树上冲下来，跳到水里，迅速地游走。

阿拉伯蟾头蜥过着穴居生活。它们经常穿行于沙土之中，并能快速地将身体掩埋起来。

绿蜥生活在树丛里，主要分布于欧洲的中部和南部地区。它们主要以昆虫和蜘蛛为食，偶尔也吃小鸟。它们的表皮呈亮绿色，尾巴的长度几乎是身体的2倍。每当冬天来临，绿蜥就会在树洞和岩石裂缝里冬眠。

家壁虎是人们常见的蜥蜴科动物，它们能帮助人类消灭蚊子。壁虎的体色为黄褐色，上面布满了灰色、棕色或白色的斑纹，但也有绿色或浅红色的壁虎。它们在遇到危险时，尾巴会自动断掉，以此来迷惑敌人和躲避伤害。

蜥蜴目的另一科——避役中的盖领避役的头部后方长着一个皮肤盖片，可以竖起来当作威胁信号，以警告敌人马上离开。盖领避役在树皮上栖息时的体色为黄色和红褐色，一旦回到树叶上，身体又会变回绿色。

无脚的爬行动物——蟒蛇、毒蛇

大多数人在谈到蛇时，就会联想到巨大的蟒蛇和拥有剧毒的眼镜蛇。其实，它们不会主动攻击人类，只有少数蛇类有可能攻击人。蛇是一种很聪明的动物，毒蛇虽然会伤人，但它也能救人，蛇毒可以入药，医用价值极高。

蟒蛇是一种原始蛇类，它们身体巨大，分布广泛，主要分布于全球的热带和温带的一些地区。蟒蛇多为陆栖或半水栖，也有少数树栖。蟒蛇身体粗壮，体色多为褐色、绿色或淡黄色，并布满了斑纹或菱形的花纹。

蟒蛇是一种独居动物，它们不进行社会性活动，只是在交尾和产卵时会与同种类的蛇相聚一会儿。蟒蛇经常缠绕在树干上或盘绕在岩石下。

蟒蛇擅长运用埋伏战术。但有时也依靠舌头、味觉细胞或感觉器官来寻找猎物的位置。蟒蛇总是喜欢用身体把选定的猎物缠绕起来，使其窒息而死。如果猎物是小型动物，它们会将上下颌张开，用力咬住猎物然后一口吞食。

蟒蛇捕到猎物以后，无论猎物多么巨大，它们都会一口吞下。它们把嘴张得大大的，同时，颈部和身体的皮肤也会膨胀开来，这样便于吞食巨大的猎物。

全世界的毒蛇大约有四百种，占所有蛇类的1/6。蛇的毒液是一种非常复杂的化学物质，它有利于分解猎物的身体组织，使其容易被消化。但毒蛇毒液的主要作用是麻痹和杀死猎物，或用来自卫。

巨蚺擅长用身体缠绕猎物，使其窒息而死。巨蚺的分布很广，从沙漠到森林，都有它们的踪迹。巨蚺擅长伪装，这主要依靠其身体复杂的图案来迷惑猎物。

水蟒的身体很长，体重也很大，喜欢爬树，但更多的时间是生活在浅水区域或岸边。水蟒经常在水边捕食来此饮水的动物。水豚是它们最喜欢吃的猎物之一，此外还有乌龟和短吻鳄。

绿蟒喜欢生活在树上。它们把亮绿色的身体缠绕在树枝上，静静地等候鸟或其他动物靠近。一旦有猎物进入它们的攻击范围，绿蟒便会迅速将猎物缠起来，使其窒息而亡。

竹叶青遍布于山区溪边的草丛里、灌木上或竹林中，体色为绿色，这样便形成一种良好的伪装。竹叶青多在夜间活动，以蛙、蜥蜴、鸟和鼠类为食。

印度眼镜蛇是印度耍蛇人的最爱，它们能随着耍蛇人演奏的音乐翩翩起舞。

眼镜王蛇是世界上最毒的一种毒蛇，它们主要以其他蛇类为食。眼镜王蛇喜欢在白天活动，有时也会袭击人类，与其他蛇类不同的是，它们能用棍棒和树叶筑巢。

珊瑚蛇长得很漂亮，但在它们的毒牙中却隐藏着剧毒液体，它的毒液属于神经性毒液。一条珊瑚蛇的毒，可以轻而易举地夺去一个强壮成年人的生命。

爬行动物中的寿星——龟类

龟是爬行动物中最长寿的，它们身上都背着一个又厚又硬的甲壳，爬起来非常缓慢。龟身上最灵活的部位就要数它们的脖子了，因为要经常伸在外面寻找食物。龟是长寿的象征，最长寿的龟可以活三百多年，所以称它们“寿星”一点都不为过。

海龟的身体是扁平的，四肢成鳍状，长长的前肢像船桨一样，这有利于海龟在水中游动。

陆龟是一种常见的爬行动物，它们行动迟缓、性情温和，属食草动物。淡水龟大多生活在河流、湖泊、沼泽等淡水水域，世界上的龟类大约有两百种，它们的脚一般都长着蹼和爪。此外龟类还包括各种美丽的海龟。

绿海龟生活在海洋中。它们的壳很平滑，呈流线型，通过摆动前肢来推动身体前行。繁殖期间，绿海龟要游数千千米的路程，爬上海岸，将卵产在海滩上然后回到海中。

棱皮龟是世界上最大的海龟，体长可达两米，体重可达680千克。棱皮龟巨大的前鳍状肢像翅膀一样。比较特别的是，棱皮龟的壳上没有

甲片，壳上长满了深深的凹槽。

加拉帕戈斯巨龟是陆龟中的“巨无霸”，体重可达 385 千克。一切植物都是它们的美食。在食物匮乏的时候，它们甚至能吃仙人掌（包括仙人掌的针刺）。有些巨龟的甲壳前部能向上翘起，可以向上伸展脖子来摘取高处的植物叶子。

缅甸陆龟主要分布于东南亚热带与亚热带的山地、丘陵地区。缅甸陆龟是一种体形较大的陆龟，体长达 20 厘米以上。缅甸陆龟很怕冷，对温度的变化非常敏感，经常在沙土上爬行，喜欢在夜间活动。

四爪陆龟只生活在中国新疆霍城地区，数量仅剩一千只左右。当阴天或夜晚时它们隐藏在洞穴中，晴天才出来活动。四爪陆龟喜欢吃植物的果肉，喜欢饮用大量的淡水，每次饮水它们都会发出“咯咯”的声音。

豹斑龟多数栖息在印度和斯里兰卡。它们的甲壳非常漂亮，每一个甲片都向外凸出，中心呈黄色并向周围发散开来，这便形成了豹斑龟在草地上的良好伪装。豹斑龟的爬行速度很慢，平均每小时向前行进两百米左右。

众所周知，龟的寿命很长，它们是动物界中的长寿冠军。

那么，龟的寿命为什么如此长呢？据科学家研究发现：寿命较长的龟的细胞繁殖代数普遍较多，而寿命不太长的龟的细胞繁殖代数普遍较少。龟的细胞繁殖代数的多少同龟的寿命长短是密切相关的。龟的长寿同它们行动迟缓、新陈代谢较慢和具有耐饥耐旱的生理机能等也有很大的关系。

根据动物学家与养龟专家的观察和研究，个头大且吃素的龟要比个头小、吃肉或杂食的龟寿命长。比如，生活在太平洋和印度洋热带岛屿上的象龟是世界上最大的陆生龟，它们以青草、野果和仙人掌为食，寿命可达 300 岁。但不可能所有的龟都“长命百岁”，因为在它们的一生中，疾病和敌害时刻都在威胁着它们。

变色龙为何会变色

变色龙学名避役，它主要生活在马达加斯加和非洲的大陆，以及印度等地。变色龙是一种爬行动物，喜欢生活在丛林中，而且它总是趴在树枝上东张西望。变色龙的舌头非常灵活，它们可利用舌头上分泌的黏液捕食昆虫。

动物拥有保护色，我们不足为奇，可是大家听说过动物会随周围环境的变化而变色吗？变色龙就是这样。然而究竟是什么原因令变色龙的体色随环境而发生变化呢？科学家们潜心研究，终于找到了答案。

变色龙因其拥有善变的颜色而得名。大家都知道，若变色龙周围的光线、温度、湿度发生变化，或者它本身受到惊吓，它皮肤内的色素细胞的位置就会自动发生变化，从而引起它体表颜色发生改变，这是动物适应生存环境的一种表现。

变色龙的色素细胞都分散在它的表皮和真皮之间，在神经和激素的

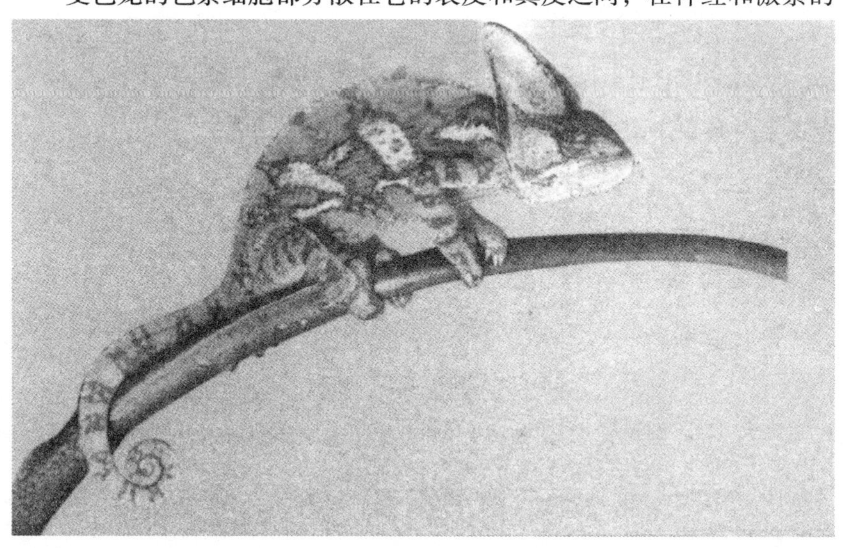

控制下，表现出深浅不同的颜色。之所以变色龙的表皮颜色会发生变化，主要是由于其皮肤内的各种色素细胞的运动，以及它们相互之间的作用所引起的。

比如，当变色龙的黑色素细胞扩张的时候，它的皮肤深暗；当金黄色素细胞也同时收缩时，皮肤则会显现出灰色或蓝灰色。黑色素细胞里除细胞核外，还含有一些黑褐色小颗粒。色素颗粒在细胞内能够自由地流动，当小颗粒分散展开时，皮肤的颜色就变得较深。黑色素细胞拥有伪足，当伪足收缩时，体色就会转浅。在不同角度光线的照射下，白色素细胞使皮肤变成灰褐色或蓝灰色。当金黄色素细胞中的色素颗粒运动时，皮肤就会变成金黄色或绿色。红色素细胞舒展时，红色就会变深；红色素细胞收缩开来，红色就会变浅。

有人曾做过试验，观察变色龙在不同环境中的体色：在强光照耀时，变色龙的体色变得较浅；在黑暗的环境中，变色龙的体色会迅速变暗。当温度升高时，变色龙皮肤上的色素细胞收缩，使得它皮肤的颜色变得较浅；当温度降低时，皮肤色素细胞会慢慢展开，相应地皮肤颜色变深。空气的干湿度的变化，也会促使变色龙肤色发生变化。空气干燥，肤色就会变浅；空气潮湿，肤色就会变深。另外，各种化学药品的应用，也会导致变色龙变色。

除了上述自然因素外，变色龙的神经系统也会对它体色的变化产生一定的影响。另外，变色龙的脑下垂体组织所分泌的激素，也会对其变色起到一定的作用。

哺乳动物

从寒带到热带，从陆地到海洋，无论是荒漠、丛林还是稀树草原，即使在极地等恶劣的环境中，都能见到哺乳动物的身影。习性迥异的哺乳动物有着各自的生存之道。

“沙漠之舟”的生存奥秘

骆驼有独特的对付沙漠环境的方法：它的脚掌生有宽厚的肉垫，在沙地上行走不会下陷；背上有两个驼峰，可储存大量脂肪；胃中有数十个储水囊可储存水分；耳内密布的短毛，能阻挡沙尘进入耳朵；灵敏的嗅觉能觉察到远处的水源……

骆驼对于游牧民族来说是极为重要的交通工具，而且游牧民族能在干旱、炎热的沙漠地区生存下来，骆驼也有着不可磨灭的功劳。早在几千年前骆驼就被驯养来为人们服务，而且骆驼的奶等对人类都有很大的好处。骆驼一直就有“沙漠之舟”的美誉，它们在炎热和缺少水源的条件下，每天也能行走三十多千米的路程。它们是人们在沙漠中的重要交通工具，能在沙漠中这样随意地行走，这与它们抗旱的特性有很大的关系，那么，骆驼到底为什么这样耐热呢？

动物饮水一般都是为了维持体内的水分平衡。不过动物生存所需的都是淡水，而生活在沙漠中的骆驼却能饮用其他动物所不能饮用的咸

水，这是它们生存的策略之一，也是骆驼为了生存无奈的选择。骆驼一旦遇到合适的水源，就不会再去饮用荒漠中的咸水。可是骆驼是如何在体内脱去水中的盐分，维持代谢平衡的呢？这是一个值得研究的课题。

对于骆驼为何如此耐旱，学者专家们众说纷纭，有人认为骆驼的整个身体结构极为适应干旱、酷热的沙漠环境。骆驼有长长的四肢，两个脚趾岔开，脚柔软、宽大，脚底有宽厚的纤维质弹性脚垫，在平坦松软的沙地或雪地上行走不会下陷。它们的肘部、膝盖和前胸共长着 7 个胼胝体，这种结构使它们不会被灼热的沙砾烫伤。骆驼两眼的长睫毛是双重的，像一层厚厚的帘子一样挡住沙粒。它们耳朵外布满的细毛和耳内密布的短毛都能阻挡风沙侵入。骆驼敏锐的视觉和嗅觉让它们能够察觉到距离很远的水源，带领在浩瀚沙漠中迷路的人找到水草丰美的绿洲，给人以生存的希望。

沙漠中的白天一般气温很高，使人无法忍受，但是沙漠的夜晚也是极为寒冷的。炎热的白天，骆驼的体温可以随外界温度的变化而自动调节，避免自己被晒伤；寒冷的夜晚，骆驼厚厚的、温暖的毛皮就派上了

用场。

有的学者认为，骆驼抗旱主要在于它的驼峰内储存着大量胶质脂肪，骆驼的驼峰又是可以调节大小的，驼峰可以随着气温高低的变化而增大或缩小。天气炎热时，驼峰里的脂肪被消耗得差不多了，驼峰就变得又低又软；随着天气渐渐转凉，驼峰又渐渐鼓起来。骆驼驼峰中的脂肪氧化分解产生营养、能量和水分，即使骆驼不吃不喝，这些能量也够其消耗几天。

还有学者认为，骆驼如此抗旱是骆驼的肝脏在起作用。骆驼的肝脏可以使大部分尿素得到循环利用，这使得骆驼体内流失的水分大大减少，由于尿素能够得到循环利用，所以尿中毒的情况也不会发生。

意大利自然科学家蒲林尼提出“水囊”说。他认为，骆驼的胃中最大的一个室叫瘤胃，瘤胃由许多肌肉带分隔成几部分，就像是“水囊”一样。在水源充足时，骆驼可以使用“水囊”储存一些水；在缺水或无水时，则可以取出储存的水用以解渴。

“水囊”说被美国的生理学家施密特·尼尔森驳倒了，他认为，所谓的“水囊”其实很小，根本无法起到大量储水的作用；并且提出骆驼之所以耐旱，是由于自身承受脱水能力强的缘故。骆驼即使严重缺水，一旦有所补充，也会马上恢复体力。

日本学者太田次郎曾写过一本《生命的奥秘》，他对尼尔森的耐旱解释也提出了质疑，他指出骆驼耐旱与其自身的极强的保水能力有主要关系。这种保水能力在于它很少出汗、体温也较恒定，在最热的时候也只出一点汗。

目前，关于骆驼如何抗旱，科学家又有新的发现：骆驼呼出的空气

的湿润度较低。骆驼有特殊的鼻子，它们的鼻子是使骆驼呼出的空气湿度较低的关键。普通动物在呼气时，排出的空气湿度和体温一致，身体的水分被大量带出，而骆驼呼出的空气湿度比体温低。因为一般热空气比冷空气含水量多，所以，骆驼通过呼吸丧失的水分比一般动物少将近一半。

目前，人们对骆驼耐热、抗旱的超强本领，提出了许多种解释，每一种解释都似乎很有道理，但却没有一种解释可以说服所有人。对于“沙漠之舟”的这种神秘生存本领，人们都极为好奇，相信在不久的将来，人们会综合众多学者的观点，得到最准确的答案。

足智多谋的穿山甲

穿山甲主要分布在亚洲南部和非洲地区。全身裹满了坚硬鳞片的穿山甲总是给人以凶猛的印象。其实，穿山甲是一种性情温顺的哺乳动物，因其能够消灭破坏森林的害虫——白蚁，故被世人喻为“森林的忠诚卫士”。

穿山甲常栖息于丘陵杂树林等潮湿地带，属夜行动物。它们只在夜晚出来觅食，一旦听到声响，就立刻挖洞把自己隐藏起来。穿山甲擅长掘土，在挖洞时，它们的前后肢有着合理的分工，前肢挖洞，后肢刨土，转眼间洞就成形了。它们还擅长另一种掘土方式，即用前爪将土挖松，然后，整个身体钻进去，竖起鳞片拉住松土迅速后退。据统计，穿山甲每小时的掘土量非常大，甚至与自身重量不相上下。穿山甲几乎全身长满了角质鳞。这种鳞片既可以在挖洞时发挥作用，又可以在逃避敌

害时，当作铠甲保护自己。

穿山甲的住所常常根据季节和食物的变化而改变。冬季，天气寒冷时，它们喜欢居住在背风向阳且地势低矮的山坡上；夏季，天气炎热时，它们便转移到通风凉爽的山坡处。

穿山甲于每年的4月~5月完成交配，其他时间，它们喜欢独居。穿山甲的产崽期为冬末或第二年初春，一般每胎产1个~3个幼崽。穿山甲在长大前，常常伏在母体的背上活动。

穿山甲是哺乳动物，主食蚁类，特别是白蚁，偶尔也吃蜜蜂等昆虫的幼虫。

穿山甲的视觉和听觉极差，只能借助嗅觉来寻找蚁穴。它的嘴里没有牙齿只有一条细长的舌头，能从口中伸出舔取食物。

当穿山甲发现蚁穴后，它们便伸出像弯钩一样的利爪，左扒右掘，将蚁群从穴中赶出，然后，它再伸出细长的舌头向蚁群横扫过去，成百上千只蚂蚁便成为它的美食。蚁群进入胃后，胃中的角质膜和吞进去的小沙粒共同发挥作用，将食物碾碎，从而进行消化。

白蚁的存在严重影响了农业、林业的发展，而穿山甲是白蚁的死对头。一只穿山甲一天就可以吃掉1千克的白蚁。而这1千克白蚁1天内能破坏153平方千米山林。因此，穿山甲是森林的忠诚守护者。

有趣的是穿山甲竟然足智多谋，有时它们会设下圈套，让蚂蚁自动来送死。穿山甲先在蚁穴边躺下装死，一股浓烈的腥气从它们张开的鳞

片里散发出来，飘向蚁穴。蚂蚁们闻到气味后纷纷出洞，把装死的穿山甲当作丰盛的大餐，蜂拥而上。这时，穿山甲把全身的肌肉紧缩，合拢鳞片，大部分蚂蚁就被关在鳞片内。穿山甲带着满身的蚂蚁跳进池塘，将蚂蚁抖落在水面上，然后，穿山甲就伸出舌头细细品尝战利品。不一会儿，水面上的蚂蚁就被吃光了。利用这种方法，不费吹灰之力，穿山甲就能捕食大量的蚂蚁。

“虎毒不食子”是真的吗

一直以来，人们都觉得老虎是非常残忍凶恶的动物，不过老虎却有一个可取之处，那就是老虎虽毒但不食子。现在却有人提出了疑问：老虎果真不食子吗？经过观察，人们得出了答案，那就是老虎是食子的。

虎虽凶猛，但却不伤害虎崽，成语“虎毒不食子”便由此而来。这一成语比喻人皆有爱子之心。我们经常可以看到动物爱护幼崽的情景，“舐犊情深”，这是一种本能。

古往今来，人们对百兽之王——老虎一直都非常畏惧。

大家都知道，老虎是喜欢独居的动物，它们和人类不一样，对老虎而言，孤独不是痛苦，而是一种享受。大多数的时候老虎独居在自己的领地里，吼叫是独居的老虎彼此间打招呼的方式。每个老虎领地的气味

是不同的。因为老虎的嗅觉不太灵敏，所以它总是一遍遍加强警戒，以防不速之客的打扰。老虎的分泌物气味非常大，而且不容易消散，一般可以维持三周，附近的其他老虎很容易察觉这些气味。

虽然老虎喜欢独居，但是到了求偶季节，雄虎和雌虎就会走到一起。很多时候是雄虎比较主动，会慢慢接近雌虎表达“爱意”，最后它们结合。然而这场“婚姻”却非常短暂。很快，雌虎便把雄虎逐出门去，雄虎对雌虎也并不留恋。

一般来说，雌虎一胎产崽5只~6只。对雌虎来说，这么多的虎崽是一种负担，因此会吃掉其中几只体弱的小虎。雌虎认为自己这样做是非常有必要的，因为只有这样少量体格较强的幼虎才能更健康地存活下来。按照自然界弱肉强食的法则，能够生存下来的小老虎才是最强的。事实证明，雌虎的选择是对的，这避免了让一窝小老虎全都饿死的状况出现。漳州动物园的东北虎“妞妞”喜添三只小虎。可是三天后，漳州动物园的工作人员却怎么也找不全三只小虎崽，只找到两只。工作人员还以为“妞妞”将虎崽藏起来了。经过彻底搜寻，动物园确认那只失踪的小虎崽被它的妈妈“妞妞”吃掉了。

老虎的繁殖力

很低，2 年 ~5 年生育一次。而老虎的寿命也不算长，它们平均寿命约为十几年。

因此，只有经过生存竞争后的老虎，才会以强者的姿态站在百兽面前，才能顽强地在残酷的自然环境中生存下来，而且一代比一代强。

如此看来，“虎毒不食子”这句话好像并不准确，老虎不但凶恶，还会吃掉自己的孩子。但这是有原因的，老虎是聪明的，它们非常懂得自然界的生存法则，明白优胜劣汰，这对于自己种族的繁衍是非常有利的。

有情有义的大象

曾经有一位探险家讲述过这样一个故事：一头象崽刚出生不久就不幸死去了，象妈妈每天都在象崽的尸体旁边徘徊，怎么都不忍心抛弃死去的象崽。直到尸体都腐烂了，象妈妈还试图用自己的长牙托着这具腐烂的尸体一起走，也不肯丢下。

大象是自然界中非常富有智慧的动物，它们虽然看起来很愚笨，行动起来也很笨拙，可憨厚的大象却非常关心同类，它们十分团结，感情丰富，还富有正义感，爱憎分明。

大象不但聪明，还非常有灵性，如果老象预感到自己的生命即将结束时，便会悄悄离开象群，走到已选定的“墓地”，静静地死去。有人曾在非洲的一个国家公园里看到了大象的“葬礼”：一头象死了，一群大象在头象的带领下用鼻子挖掘泥土，然后卷起树枝、石头、土块等掩埋这只死去的大象，地面上堆起了一个土堆，大象们将土堆踩平踏实。一座坚固的“象墓”就这样成形了。最后，象群在头象的带领下围绕“象墓”缓步而行，仿佛在告别。三天三夜后，这群大象才离去。

大象的“情深义重”还表现在对于人类“养育”之情的依恋上。

在乌克兰的一家动物园里，有一位饲养员陪伴一头雌象整整20年。后来饲养员退休了，这头雌象每天都不肯吃东西，就这样一天天消瘦下去。直到饲养员再次出现在它的面前，才肯吃东西。

曾经有一个动物园里饲养了一头大象，一位饲

养员与这头大象朝夕相伴已有很多年了。后来，这位饲养员离开了动物园，那头大象竟然从那以后不再吃东西，无论人们怎么想办法，大象都不为所动。最终这头大象活活饿死在了这个动物园内。

还有一个动物园里，一位大象饲养员因意外而丧生，从那以后，他生前饲养的一头老象就整天不再吃喝，眼泪涟涟。

大象对自己爱的人和同类都非常“情深义重”，但对伤害自己的人也“绝不手软”。

在一个动物园里，一名游客用香蕉逗大象，当大象伸出长鼻子来取时，他用针扎了一下象鼻子。大象立刻缩回了长鼻子，走开了。但当这位游客在动物园里逛了一圈，再经过象宫时，那头被扎的大象突然卷起他头上的帽子，将帽子撕碎，然后抛了出去。这名游客顿时被吓得目瞪口呆，大象却长鸣一声，甩着长鼻子满意地走了。

还有一件有趣的事：越南有个裁缝正在窗边缝衣服，一头大象突然把鼻子伸了进来，裁缝下意识地用手中的针扎了一下大象的长鼻子，大象痛得逃开了。不久，这头象再次来到那个窗口，用长鼻子里吸的水把那个裁缝喷得满身都湿透了。

在塞内加尔的一个国家公园里，三个偷猎者射伤了一头大象。这头受伤的大象被激怒了，向偷猎者冲过去。有两个人逃跑了，另一个人惊慌中爬上了一棵大树。愤怒的大象用鼻子将树连根拔起，将那个人摔昏过去，然后大象上前几脚，将那个人踩成了“肉饼”。

你看，大象的“重情重义”与“疾恶如仇”是不是很有大侠的“风范”呢？

人类的好帮手——狒狒

狒狒是灵长目猿猴亚目狭鼻组猴科狒狒属的通称。它们多栖息于热带雨林、稀树草原、半荒漠草原，及高原山地，更喜欢生活在低山丘陵、平原或峡谷峭壁中。狒狒是灵长类动物中智力较高的一种。经过训练后的狒狒能成为人类的好帮手。

狒狒是公认的高智商灵长类动物，于是聪明的人们便训练它们来做帮手。非洲的一些农民就常常训练狒狒来看管羊群。为了让狒狒与羊群彼此熟悉，它们先将狒狒与羊群关在一起一段时间，特别是要让狒狒了解羊群的生活习性和每只羊的生理特征等，以便狒狒在牧羊时能够“得心应手”。这种训练方式取得了很好的效果。

据说，一个农妇有一只忠于职守的“牧羊”狒狒。有一次，一个小偷趁羊群在草场上吃草时，企图偷走一只小羊羔。小偷见牧场上一个人都没有，心中窃喜，自以为“顺手牵羊”的计划可以实现了。哪知他的行动早已被守在一旁的狒狒看见了。狒狒还没等小偷走近羊羔，就以迅雷不及掩耳之势冲上前去，一边对着小偷龇牙咧嘴地威胁着，一边对着牧场后面的主人大声怪叫，引起主人的注意。小偷见突然之间跳出

这么一个凶猛的怪物来，早已吓得魂飞魄散，逃命都来不及，哪里还敢再有偷羊的打算，因此还不等农妇闻讯赶来，小偷早已落荒而逃了。狒狒这时并不追赶小偷，而是转身将四散的羊群聚拢在一起，一直等到主人赶来。

还有一次，傍晚时分，当农妇将羊群都赶回羊圈关好时，却发现狒狒不见了。农妇感到非常奇怪。这只狒狒在牧场已经待了很久，这里就是它的家，而且它机警异常，不招惹别人已经谢天谢地了，哪里会轻易被人悄悄地偷走呢！既然这样，为什么它会转眼间就不见了呢？农妇决定马上去牧场找找看。就在她准备动身的时候，只听见有狒狒的尖叫声从远处传来，中间还夹杂着一两声山羊的叫声。农妇定睛一看，原来是狒狒赶着两只半大的山羊回来了。等它们走近时，农妇发现那两只羊正是自己喂养的山羊。

原来，农妇将羊群赶回羊圈时，一不小心在路上遗失了两只羊。狒狒回来后检查山羊的数目，发现少了两只，没有跟主人打招呼，就匆忙

往回一路寻找，果然找到了那两只遗失的山羊。

狒狒不但能防贼、查找遗失山羊，而且还可以帮助主人照顾山羊的“生活起居”。每当傍晚羊群回到羊圈之后，狒狒总会抱起一只只小羊羔，将它们送到各自的母亲怀里，由羊妈妈喂它们吃奶。通过长时间的相处，狒狒十分清楚每只小羊羔的妈妈是谁，绝不会搞错。

当然，被人类训练用来牧羊的动物并不止狒狒一种，还有狗、鸵鸟等动物，它们都是人类的好帮手。

可爱的树袋熊

树袋熊即考拉，有“睡美人”之称。在人们的眼中，树袋熊不是蜷缩在树杈上酣睡，就是在不断地咀嚼桉树叶，因此许多人认为树袋熊虽然滑稽可爱，但也是一种懒惰的动物。其实这是人们对树袋熊的误解。

树袋熊常年栖息在树上，它们最喜欢居住在桉树上，而且吃住等一切事情都在树上进行。树袋熊有一对大耳朵，与体形有些不太相称，它们的鼻子黑黑的、扁平的，与它们的大耳朵配在一起，显得非常可爱。树袋熊没有尾巴，它们的四肢粗壮，还有尖利的小爪子，可以牢牢地攀住树枝。它们的体重大约为十五千克，身长约 0.8 米，毛呈灰褐色，但其胸部、腹部、四肢内侧和内耳均为灰白色短毛。树袋熊性情温顺，样子也很像小熊，憨厚可爱，所以人们都称它为“树熊” “无尾熊”

“保姆熊”和“玩具熊”等。

白天，树袋熊一般都在桉树上睡觉。它们睡觉的时候，喜欢蜷起身子来抱着树枝。其实树袋熊不论在什么时候都非常警觉，对声音极为敏感。即使睡着了，一有动静，它们也会很快从睡梦中惊醒。而且，它们很喜欢长时间地坐在桉树上“闭目养神”。

在夜晚，树袋熊一般都非常活跃。它们喜欢在树上爬上爬下，动作非常笨拙迟缓，但它们也有自己的绝活：树袋熊可以从一根树干横跳到另一根树干上，动作幅度很大；也可以从一段树枝纵跃到另一段上；而且还可以用一只后肢或前肢将身体悬挂在树枝上。

树袋熊特别能吃，看到它们吃东西的人都会大吃一惊。不过它们的食谱是很单一的，它们只吃甘露桉树、玫瑰桉树、斑桉树这几种桉树的叶子。因为桉树叶子里含有气味芳香的桉树脑和水茵香萜，所以在树袋熊的身上总会有一种桉树叶子的清香。

在桉树叶子中有一种挥发性的毒油和丰富的纤维素，这对树袋熊都是有害的。但由于树袋熊长期食用桉树叶子，因此它们自身已形成一套免疫系统，能将毒素“化害为利”，所以树袋熊能一直安然无恙地生活在桉树上。

树袋熊的寿命约为十二年。每年的 11 月至次年的 2 月是树袋熊的繁殖期。雌性树袋熊怀孕一个月就能够分娩，通常情况下每次分娩均为一胎。刚生下的树袋熊宝宝很小，大约只有两厘米左右，体重只有 5.5 克，出生后它会依靠嗅觉爬进树袋熊妈妈的育儿袋中，吮吸乳汁，继续生长发育。

树袋熊宝宝在妈妈的育儿袋中生活六七个月之后就基本发育完全了。两个月以后，树袋熊宝宝就可以爬出育儿袋了。到四岁左右，它便可以离开妈妈独立生活。树袋熊妈妈对宝宝的感情非常深，当树袋熊宝宝能独立生活了，它们才会开始下一次繁殖活动。

树袋熊宝宝在开始吃桉树叶之前，会去舔食成年树袋熊的粪便，这是为了能得到帮助消化纤维素的原生动物和细菌。成年树袋熊在吃桉树叶子时，会挑选毒性最小的桉树叶子来吃。而树袋熊体内未被消化的桉树油，一般都通过皮肤和肺脏排出体外，剩下极少部分由排泄器官排出。

奥卡狓

1900年，西方学者发现了长颈鹿唯一尚未灭绝的近亲——奥卡狓，又称为獾狮狓。有人曾认为奥卡狓是长颈鹿与斑马交配产下的，但它实际上与斑马毫无关系。现今，动物界中奥卡狓的数量非常稀少。

人们应保护环境，为它们留下一片生存的空间。

奥卡狓是世界上最珍稀的动物之一。它属于偶蹄类动物，肩高臀低，四肢细长，形如长颈鹿。成年奥卡狓肩高约1.5米~1.6米，从脚蹄到角尖有两米以上，身长两米左右，尾长可达45厘米，体重为二百多千克。奥卡狓行动隐秘，出没无常，于1901年被正式命名为奥卡狓。奥卡狓通常不喜欢群体活动，一般雌雄两只待在一起，早晚出来觅食，

主要吃细枝嫩叶，也吃一些野果和植物种子。雌性奥卡狓怀孕期为440天，多在8月~10月的雨季产崽。

奥卡狓毛为黑酱紫褐色，颈部颜色稍淡，头部灰白，臀部和四肢上半部有紫褐间白的横纹。它性情怯懦，听觉敏锐，反应很快，一旦听到风吹草动，便立即逃跑。它白天很少露面，躲藏在密林深处，利用身上的保护色，与周围树干的色彩巧妙地混在一起，即使两步远的距离，也很难被发现。

雌雄难辨的鬣狗

一般时，狗都不爱与狐狸一起生活，而草原或沙漠中的鬣狗却与众不同，它们非常喜欢和狐狸做朋友，而狐狸则不以为然。传说，鬣狗在年初和年末时会改变性别，因此，狐狸若想和鬣狗交朋友，就不知道是做它的“男朋友”还是“女朋友”了。

鬣狗是食肉性动物，它们除了生活在草原和沙漠上之外，偶尔在部分海岸上也能见到它们的身影。生活在草原和沙漠上的鬣狗一般喜欢群居生活，而生活在海岸上的鬣狗就喜欢独处，很少与外界接触。

鬣狗属于鬣狗科，这个科大致可以分为斑鬣狗、棕鬣狗、条纹鬣狗和冠鬣狗 4 种。

斑鬣狗与普通的狼狗差不多大，毛色棕黄，有乌褐色的斑点，可能

它们的名字就是得名于这些斑点吧！斑鬣狗是鬣狗科中体形最庞大的一种，也是最著名和捕食性最强的一种，它们成群活动，捕食较大的猎物。斑鬣狗多生活在热带、亚热带草原和半荒漠地区，在非洲撒哈拉以南的广大地区就大量散布着斑鬣狗。

棕鬣狗给人以凶猛强壮的印象，毛呈暗褐色。棕鬣狗多分布于非洲南部，它们的体形和习性与斑鬣狗比较接近，比较适合在干旱地区生活，棕鬣狗有时也会食用水果。

条纹鬣狗比较小，棕黄的体色中掺有一些无规则的褐色条纹，这与斑鬣狗的斑点有所不同。条纹鬣狗分布在印度南部经西亚到非洲北部的草原、荒原地区。

还有一种叫冠鬣狗，是几种鬣狗中的弱者，它们的大小只有斑鬣狗的一半，它们的性情温和，这可能与它们身体弱小有很大关系吧！

鬣狗的外貌特征是它们最大的缺点。站立的鬣狗，形象猥琐，头大身子小，上身大下身小，耳大嘴巴小；它们的四肢粗壮硕大，爪子弯曲钝拙，无法伸缩；背脊上长满了长长的鬣毛，这可能也是它们名字得来的原因之一；身上偶尔会露出大块的暗斑来；它们在猎食时，一颠一颠地奔跑，丝毫没有老虎等食肉动物的威风。

鬣狗作为食肉性动物，自身长有强大的捕食器官，以便获取大量的食物，它们的犬齿、裂齿异常发达，牙齿和腮部咀嚼肌强壮有力。拥有这样强大的捕食器官，使得鬣狗可以轻松地嚼食动物的骨头而不皱眉头。这种嚼食骨头的能力也不是任何肉食动物都具备的。有了这独特的捕食本领，鬣狗才能在草原上、沙漠中，甚至海岸上自由自在地生活。

斑鬣狗是鬣狗科中较有代表性的一种，因此就以斑鬣狗为例来了解一下鬣狗的生活习性，斑鬣狗的群体是一个较为规范的母系部落。一般这样一个部落规模

在十几只到上百只之间，出乎意料的是，每个部落的首领只是一只身体健康的雌性斑鬣狗，它并不像人们想象中的如大闹天宫的孙悟空那样有神通广大、无所不能的本领。“母首领”统率下的部落纪律严明，组织有序，就像一个母系氏族公社。

鬣狗群在集体捕猎时，它们甚至可以捕杀瞪羚、斑马、角马等大中型草食动物，就连重约半吨的非洲野水牛有时它们也能捕获到。

在群居生活的规范下，斑鬣狗群的“成员们”拥有较大的自由。它们有时会独来独往，觅食小兽，每当繁殖季节来临，它们会自由选择交配伙伴。斑鬣狗只有大约十四天的交配发情期，它们择偶不固定，非常容易“动情”，而且可以连续和不同的斑鬣狗交配一次或者几次。由于斑鬣狗群是母系群落，所以交配时，雌性通常表现出高高在上的姿态，而雄性则显现出被统治的地位。当然，这不是特别明显的。特别有趣的是，雄雌斑鬣狗的生殖器官几乎一模一样，难以辨认哪个是雌性哪个是雄性。我们现在知道了，斑鬣狗其实不是不分雌雄，而是雌雄个体丨分相似。

其实鬣狗的雌雄在外表上也是存在一些差异的。以斑鬣狗为例，雄性斑鬣狗看起来颜色稍浅些，且略显灰白色，它们身上的斑点也比较清晰，毛看起来也很长，显得很蓬松。它们的头也比雌斑鬣狗的头稍大些。

鬣狗在这种母系部落中，用它们独有的生活方式、特有的捕猎本领，适应着草原、沙漠这样恶劣的生活环境，一代一代地繁衍生息，世代生存下去。

麋 鹿

麋鹿又称“四不像”，属于哺乳动物。它们的角像鹿角，但却不是鹿；颈像骆驼的颈，又不是骆驼；尾像驴尾，而不是驴；蹄像牛蹄，而又不是牛。麋鹿因这种奇特的外形而被人们称为“四不像”。

麋鹿性喜水，善于游泳，以青草、树叶、水生植物为食。麋鹿体长两米多，一身淡褐色的毛，背部颜色较浓，腹部较浅，蹄部宽大，非常适于在雪地和泥泞的地上活动，它们在每年的6月~8月发情。

是否有角是雌雄麋鹿的一个明显区别，因为只有雄麋鹿长角。雄麋鹿的角似乎跟鹿角差不多，将两者仔细比较一下，我们会发现，这两者之间存在着明显的区别。麋鹿的角没有眉叉；主干离头部一段距离后分为前后两只，而且前只较短，后只较长；角的表面长着很多分支。

麋鹿的颈粗壮灵活，而且有力，看起来很像骆驼的颈，但如果将二者放在一起比较，你会发现骆驼的颈比麋鹿的颈长，雄麋鹿的头颈更为特别，头颈下还长有长长的毛。

麋鹿的尾巴看起来与驴尾的确很像，只是在粗细上有区别。但仔细观察你会发现雄麋鹿的尾巴也较为特别，它们的尾巴要比驴的尾巴长很多，可以一直垂到踝关节下边。

麋鹿的蹄子与牛蹄很像，但却没有牛蹄那样粗壮，在这些似像非像的特征中，它们的蹄子与牛的蹄子区别是最小的。从麋鹿的蹄掌可以看出它们的生活习性，麋鹿有4个蹄，中间一对是主蹄，较为粗大，而两侧的蹄较小，它们一起可以形成很大的受力面。这就为麋鹿在森林、沼泽地带行走提供了便利的条件。

中国是麋鹿的故乡，在古代麋鹿分布广泛，有关化石资料表明，武王伐纣时期，是麋鹿最繁盛的时代，它们主要分布在草原地区，尤其是长江、黄河流域的下游沼泽地区。麋鹿由于受外界环境的变化及人为等因素的影响，在中国曾一度绝迹。因为19世纪时，一些国家从中国带走了一些麋鹿，所以这种稀有动物才幸免绝迹。

雄麋鹿在发情期十分好斗，有时为了争夺雌麋鹿而拼得你死我活。一般的动物，母性都较为强烈，但雌麋鹿的母性却不怎么强烈。它们生下幼崽之后，除了白天喂喂奶，晚上偶尔看看之外，根本不陪在幼崽身边照顾它们。

麋鹿是珍贵稀有动物，被列为我国国家级保护动物。这种奇特的动物是我们的宝贵遗产，时刻鞭策着人们要爱护动物，保护我们共同的家园。

“讲究卫生”的浣熊

在动物园里，我们常会发现，许多动物拿起游客扔给它们的食物就吃，却很少看见有小动物在吃东西前，先将食物清洗一下。但是美洲的小浣熊却有一种“洁癖”，它们会在吃食物以前，把食物放在水中冲洗一下。难道小浣熊真的是讲卫生吗？

浣熊是单独的一科动物，即浣熊科。浣熊长得一点都不像熊。它们的身躯和四肢都比较细长，鼻子也长长的，脸上有黑斑，身上的毛有多种颜色。浣熊的尾巴又长又粗，并且像小熊猫一样饰有黑白相间的环纹。

浣熊大多栖居在树洞里，喜欢白天睡觉，夜里觅食。浣熊吃的东西很杂，像粮食、水果、蔬菜、鱼、蛙、兔、鼠、鸟和小型爬行动物等都是它们的美食，除此之外，它们还吃人类饲养的鸡、鸭，也爱去垃圾堆里找食物。

因为浣熊喜欢在夜里活动，因此在北美洲，人们常在晚上带着猎狗去捉浣熊。浣熊喜欢在水面或水中觅食，所以猎狗会沿着河流和小溪寻

找浣熊，准能找到它的踪迹。通常，浣熊发现了猎狗后，它们会迅速上树或潜逃，但往往仍然在劫难逃。

可是，若猎狗遇上的是一只健壮的雄浣熊，那猎狗就要倒霉了。因为雄浣熊的水性很好，在水中，它们会爬到猎狗的头上，将猎狗的脑袋浸入水中，或者用前爪击打猎狗的头。浣熊的前爪力气很大，受到浣熊的袭击后，猎狗一般都会因无力抵抗而被淹死。

有许多浣熊在吃东西前，总是喜欢把食物浸到水里不厌其烦地洗。因此，人们亲昵地称它为浣熊，“浣”的字面意思就是“洗”。

那是不是浣熊也像人一样讲卫生呢？经过仔细观察，人们发现，浣熊并不是爱清洁才洗食物的，而且就算是洗，它们所用的水往往是泥水，甚至要比它们获得的食物还脏。可见，爱清洁并不是它们洗食物的原因。对此，一些动物学家这样解释：浣熊只是喜欢玩水中的食物，从中它们能得到很多乐趣。

近年来，又有生物学家提出：其实浣熊吃东西前并不爱清洗，它们在自然界中往往直接将食物吃掉。

有动物学家认为，浣熊洗食物的喜好可能是因为它们到了动物园便失去了自由，再也没有机会去水中抓鱼、虾和蛙吃了，它们的本领得不到施展，于是就模仿自己以前“在水里猎食”的动作，但在人们看来，就好像浣熊在洗自己的食物一样。这样看来，浣熊洗食物并不是因为它们讲究卫生，爱清洁，而是它们自然习性的一种延伸。

最古老的哺乳动物——鸭嘴兽

一般人们认为兽类是胎生的，而禽类则需要生蛋孵化下一代。可生活在澳大利亚东部及塔斯马尼亚岛等地的一种名叫鸭嘴兽的动物却是一个例外，它既要生蛋，又要喂奶，通过两种本不应该兼容的方式来哺育后代。那它究竟是禽类还是兽类呢?

对于鸭嘴兽分类问题的争论持续了相当长的一段时间。动物学家最终还是将这种动物划为哺乳类，并称之为卵生的哺乳动物。之所以最终这么分类，是因为鸭嘴兽用乳汁哺育幼兽，浑身被毛，具有膈，这些都是哺乳动物的典型特征。

当然，古生物学家并没有忽视鸭嘴兽身上的其他特征。在鸭嘴兽身上具有哺乳类从爬行类进化而来的许多证据。由此不难看出，鸭嘴兽的确不是典型的哺乳动物，它是现存哺乳动物中最古老、最原始、最低级的。

由于鸭嘴兽的主食是水中的鱼虾等生物，所以鸭嘴兽把家也安置在了河边。鸭嘴兽的家可是它利用自己尖钩一般的爪子拍打出来的。每年10月左右，鸭嘴兽会进行交配。不久之后雌鸭嘴兽就会产下1枚~3枚

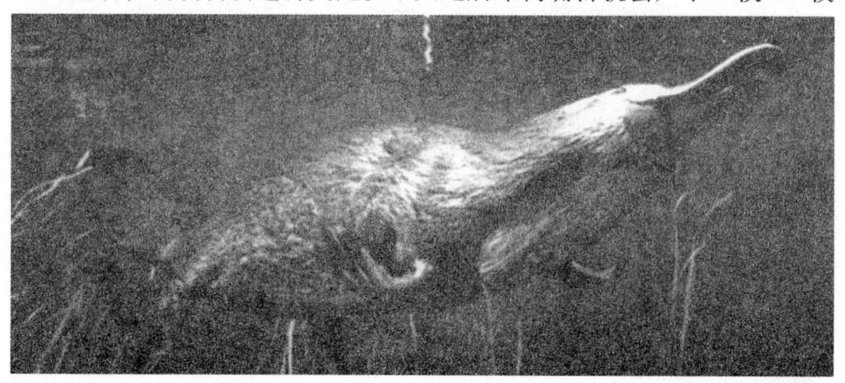

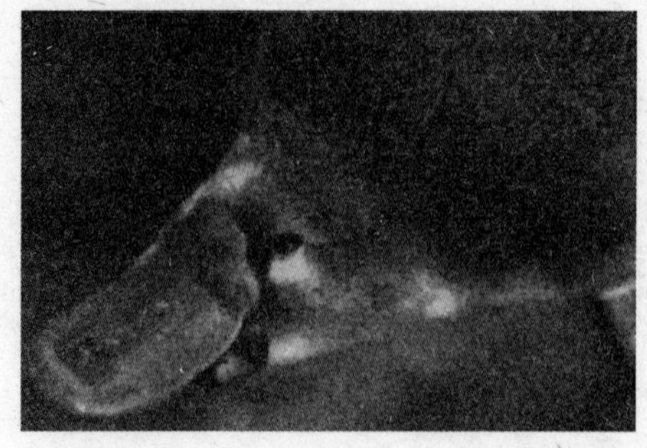

软壳蛋，每枚蛋的直径不足两厘米。此时鸭嘴兽会像鸟一样开始孵蛋。不久之后，小鸭嘴兽就会被孵化出来。刚出生的小鸭嘴兽体小无毛、嘴短眼闭，十分可爱。鸭嘴兽的哺乳方式在哺乳动物中是独一无二的。由于雌鸭嘴兽没有乳房，所以鸭嘴兽无法用奶头吃奶。雌鸭嘴兽的乳腺位于腹部，乳汁从一个小孔顺毛流出。小鸭嘴兽吃母兽的奶时，必须努力地爬到母兽的腹部上。雌鸭嘴兽的奶水便会流入腹部中线的一处无毛沟槽内，小鸭嘴兽用舔食的方式吃奶。

鸭嘴兽具有较高的智力，因此能很好地适应恶劣的自然条件，因而能生存至今。虽然鸭嘴兽原始低等，但它们却有锋利的脚爪，长有毒刺的后脚踝也能够防御敌人的偷袭。此外，鸭嘴兽还具有超强的游泳与潜水本领，而且在动物界，它也没有真正意义上的天敌。

鸭嘴兽被称为爬行动物向哺乳动物演化的“活化石”。同我国的大熊猫一样，鸭嘴兽在澳大利亚也是“国宝”级的动物。澳大利亚政府已制定法律保护“国宝”鸭嘴兽，严禁捕猎，法律上还严格控制活体和标本的出口。更有趣的是，澳大利亚政府还利用鸭嘴兽对水质污染的敏感性，将之用于对水质的检测。此外，鸭嘴兽也得到了来自国际动物保护组织的格外关注。